DVP Projektmanagement

DVP
Berlin, Berlin, Deutschland

Publikationen zum Projektmanagement, Immobilien- und Infrastrukturmanagement, Ergeb-
nisberichte aus den DVP-Arbeitskreisen sowie Tagungsdokumentationen, wissenschaftliche
Dokumentationen und Dissertationen, die im fachlichen Bezug zum Projektmanagement
stehen.

Der Deutsche Verband der Projektmanager in der Bau- und Immobilienwirtschaft e.V.
(DVP) wurde 1984 mit der Zielsetzung gegründet, das Fachwissen auf diesem Gebiet
zu erweitern und qualitativ zu verbessern, die Ergebnisse der interessierten Fachwelt
zugänglich zu machen und durch die Mitglieder das Zusammenwirken der Projektbeteiligten am Bau positiv zu fördern. Der DVP repräsentiert heute als bekannter und
anerkannter Berufsverband mit unveränderter Zielsetzung und zahlreichen Aktivitäten die
im Projektmanagement für die Bau- und Immobilienwirtschaft tätigen Unternehmen.

Weitere Bände in dieser Reihe:
http://www.springer.com/series/15455

Alexander Malkwitz • Norbert Mittelstädt
Jens Bierwisch • Johann Ehlers
Thies Helbig • Ralf Steding

Projektmanagement im Anlagenbau

Springer Vieweg

Alexander Malkwitz
Institut für Baubetrieb und Baumanagement
Universität Duisburg Essen Institut für
Baubetrieb und Baumanagement
Essen, Nordrhein-Westfalen, Deutschland

Jens Bierwisch
REDEQ GmbH
Wuppertal, Nordrhein-Westfalen, Deutschland

Thies Helbig
PHI - Preusser Helbig Ingenieure GmbH
Berlin, Berlin, Deutschland

Norbert Mittelstädt
PRISMA Projektingenieure für Strategie und
Management GmbH
Braunschweig, Niedersachsen, Deutschland

Johann Ehlers
Bauwissenschaften
Institut für Baubetrieb u. Baumanagement
Bauwissenschaften
Essen, Nordrhein-Westfalen, Deutschland

Ralf Steding
Kapellmann und Partner Rechtsanwälte mbB
Duesseldorf, Nordrhein-Westfalen, Deutschland

DVP Projektmanagement
ISBN 978-3-662-53052-8   ISBN 978-3-662-53053-5   (eBook)
DOI 10.1007/978-3-662-53053-5

Die Deutsche Nationalbibliothek verzeichnet diese Publikation in der Deutschen Nationalbibliografie; detaillierte
bibliografische Daten sind im Internet über http://dnb.d-nb.de abrufbar.

Springer Vieweg
© Springer-Verlag GmbH Deutschland 2016

Gedruckt auf säurefreiem und chlorfrei gebleichtem Papier

Springer Vieweg ist Teil von Springer Nature
Die eingetragene Gesellschaft ist Springer-Verlag GmbH Deutschland
Die Anschrift der Gesellschaft ist: Heidelberger Platz 3, 14197 Berlin, Germany

Vorwort des DVP

Der Deutsche Verband der Projektmanager in der Bau- und Immobilienwirtschaft e.V. (DVP) verfolgt seit über 30 Jahren die Zielsetzung, das Fachwissen auf diesem Gebiet zu erweitern und qualitativ zu verbessern, die Ergebnisse der interessierten Fachwelt zugänglich zu machen und über die Mitglieder das Zusammenwirken der Projektbeteiligten positiv zu fördern.

Ein wesentlicher Baustein darin ist die seit 1996 erstmalig erschienene und zuletzt 2014 in 4. Auflage vom AHO (Ausschuss der Verbände und Kammern der Ingenieure und Architekten für die Honorarordnung e.V.) herausgegebene Schrift „Projektmanagementleistungen in der Bau- und Immobilienwirtschaft". Auf Basis dieser Leistungsbildstruktur werden die meisten Projektmanagementaufträge in Deutschland vergeben und abgewickelt.

Des Weiteren basiert das DVP-ZERT®-Weiterbildungsprogramm auf dieser Grundlage.

Die Arbeitskreise im DVP haben zum Ziel, besondere Leistungsschwerpunkte, neue Anforderungen im Projektmanagement und spezielle Aspekte des Leistungsbildes auf bestimmte Projekttypologien auszuprägen, um die Aufgabenstrukturen und Schnittstellen zwischen den Projektbeteiligten und Auftraggebern möglichst bedarfsnah und effizient im Hinblick auf das gegebene Projektziel anzupassen. Dies betrifft auch vom DVP geförderte Masterarbeiten und Dissertationen, die einzelne Leistungsmodule des Projektmanagements vertiefen.

Die Ausarbeitung dieser komplexen Themenstellungen erfordern Sachverstand, Kompetenz und vor allen Dingen ehrenamtliches Engagement.

Dafür bedanken wir uns bei den Autoren und wünschen, dass durch diese Veröffentlichung wertvolle Impulse in der Weiterentwicklung des Projektmanagements in Deutschland ausgelöst werden.

Der DVP-Vorstand

Vorwort

Leistungsbilder für die Projektabwicklung von Bauprojekten sind schon lange vorhanden und haben sich in der Praxis bewährt. Insbesondere die in der AHO Kommission erarbeiteten Leistungsbilder für die Projektsteuerung des AHO Hefts Nr. 9, Projektmanagementleistungen in der Bau- und Immobilienwirtschaft, haben mittlerweile breite Verwendung gefunden. Für Anlagenbauprojekte wurden die Leistungen aus der Bau- und Immobilienwirtschaft ebenfalls unter § 1 (7) zugrunde gelegt. Es wurde jedoch darauf hingewiesen, die Leistungsbilder für komplexe Anlagenbauprojekte anzupassen. Somit fehlten detaillierte Leistungsbilder für Anlagenbauprojekte und spezielle Leistungen und deren Leistungsumfänge wurden individuell zwischen den Vertragsparteien erarbeitet.

Vor diesem Hintergrund wurde der Arbeitskreis Anlagenbau des DVP – Deutscher Verband der Projektsteuerer und Projektmanager gegründet, um diese Lücke zu schließen. Der Arbeitskreis hat die Aufgabe übertragen bekommen, das Leistungsbild Projektmanagement für Anlagenbauprojekte zu erarbeiten.

Mit dem vorliegenden Werk, liegt nun erstmalig ein Leistungsbild für das Projektmanagement bei Anlagenbauprojekten vor. Es baut in der Systematik und Logik auf den bekannten Leistungsbildern der AHO Arbeitskreise auf und besteht aus der tabellarischen Darstellung der Leistungsbestandteile sowie einem ausführlichen Kommentarteil, in dem die einzelnen Leistungen erläutert und kommentiert werden. Dabei folgt das Leistungsbild den Projektphasen. Die Projektphasen sind etwas abweichend von den Projektphasen bei Bauprojekten definiert worden, was den Spezifika von Anlagenbauprojekten geschuldet ist. So werden die Projekte in die Phasen Projektvorbereitung, Basic Engineering, Ausschreibung und Vergabe, Detailed Engineering, Ausführung und Projektabschluss eingeteilt. Gerade die Phasen Basic und Detailed Engineering sowie der Projektabschluss inklusive der Inbetriebnahme, sind spezifische Anlagenbau bezogene Phasen. Ebenfalls ist zwischen sogenannten Grundleistungen und Besonderen Leistungen unterschieden worden. Dies ermöglicht Auftraggeber und Auftragnehmer den jeweiligen Leistungsumfang flexibel und projektspezifisch festzulegen.

Das Werk wurde dabei nicht wie sonst üblich in Kapitel geteilt, welche von einem Teil der Autoren verfasst wurde. Sondern es wurden zunächst einzelne Teile des Leistungsbildes von den Autoren erarbeitet, dann wiederum von den jeweils anderen Autoren überarbeitet.

Abschließend hat jeder Autor das Gesamtwerk nochmals gelesen und kommentiert. Wir haben uns für diese Vorgehensweise entschieden, um die Erfahrung aller Autoren intensiv und für das gesamte Werk einzubinden. Die Kommentare wurden in intensiven Arbeitsgruppensitzungen diskutiert und gemeinsam in die vorliegende Endversion verabschiedet. Daher sind alle Autoren für das gesamte Werk aufgeführt und nicht den jeweiligen Teilkapiteln zugeordnet.

Ich wünsche allen Berufspraktikern damit ein Werkzeug an der Hand zu haben, das die Beschreibung des Leistungsumfanges sicher und umfänglich sowie effizient ermöglicht. Anregungen und Kommentare ergeben sich sicher noch in der täglichen Arbeit mit diesem Leistungsbild. Daher sind alle Arbeitskreismitglieder auf Anregungen und Anmerkungen sehr gespannt und diese sind ausdrücklich erwünscht.

Für die intensive und sehr freundschaftliche Zusammenarbeit im Arbeitskreis, möchte ich besonders den Autoren meinen ganz herzlichen Dank sagen. Das Engagement war angesichts der intensiven beruflichen Arbeitsbelastung außergewöhnlich und ohne die vielen zusätzlichen Arbeitsstunden sowie besonderem Engagement, wäre das Werk in der jetzt vorliegenden Form nicht möglich gewesen. Die Autoren danken außerdem den weiteren Mitgliedern des Arbeitskreises, Herrn David Gherdane, Herrn Dirk Sistenich, Herrn Ian Smith und Herrn Jörg Wittkämper für ihre wertvolle Mitarbeit und Unterstützung sowie die vielfältigen Anregungen während der Diskussionen des Arbeitskreises.

Mein besonderer Dank gilt außerdem Herrn Johann Ehlers, wissenschaftlicher Mitarbeiter am Institut für Baubetrieb und Baumanagement, für die Übernahme der Koordination und der redaktionellen Endbearbeitung.

Essen, im Januar 2017   Prof. Dr.-Ing. Alexander Malkwitz
                                                         Leiter des DVP-Arbeitskreises

Mitglieder des DVP-Arbeitskreises Projektmanagement im Anlagenbau

Prof. Dr. Alexander Malkwitz (Leiter des Arbeitskreises)	Institut für Baubetrieb und Baumanagement Universität Duisburg-Essen
Jens Bierwisch	REDEQ GmbH, Wuppertal
Johann Ehlers	Institut für Baubetrieb und Baumanagement Universität Duisburg-Essen
David Gherdane	Hogan Lovells International, Hamburg
Thies Helbig	PHI Preusser Helbig Ingenieure, Berlin
Dr. Norbert Mittelstädt	PRISMA Projektingenieure für Strategie und Management, Braunschweig
Prof. Dr. Ralf Steding	Kapellmann und Partner Rechtsanwälte, Düsseldorf Honorarprofessor an der TU Darmstadt
Dirk Sistenich	DriverTrett, München
Ian Smith	DriverTrett, München
Jörg Wittkämper	PCC SE, Duisburg

Abkürzungsverzeichnis

AG	Auftraggeber
AGB	Allgemeine Geschäftsbedingungen
BGB	Bürgerliches Gesetzbuch
BIM	Building Information Modeling
BImSch G	Bundes-Immissionsschutzgesetz
BSH	Bundesamt für Seeschifffahrt und Hydrographie
bzw.	Beziehungsweise
CAD	Computer Aided Engineering
CAR	Construction All Risk
d. h.	das heißt
DIN	Deutsches Institut für Normung
etc.	et cetera
EAR	Erection All Risk
EDV	Elektronische Datenverarbeitung
EMSR	Elektro-, Mess-, Steuer- und Regeltechnik
EPC	Engineering Procurement Construction
EU	Europäische Union
evtl.	eventuell
FAC	Final Acceptance
FAT	Factory Acceptance
ggf.	gegebenenfalls
GMP	Guaranteed Maximum Price/Garantierter Maximalpreis
GU	Generalunternehmer
GP	Generalplaner
HAZOP	Hazard and Operability Study (siehe auch PAAG)
HOAI	Honorarordnung für Architekten und Ingenieure
HSE	Health Safety Environment
i. d. R.	in der Regel
i.R.d.	im Rahmen des
I/O-Checks	Input/Output-Checks

incl.   inclusive
M+R   Mess- und Regeltechnik
Mika   Mitlaufende Kalkulation
PAAG   Prognose, Auffinden der Ursache, Abschätzen der Auswertung,
             Gegenmaßnahme
PAC   Provisional Acceptance
PKMS   Projekt-Kommunikations-Management-Systems (Projektraum)
PM   Projektmanagement
PSSR   Prestartup-safety-review
Q&Q   Qualität&Quantität
QM   Qualitätsmanagement
QRA   Quantitative Risk Assessment
RAM   Reliability, Availability, Maintainability
s.o.   siehe oben
SiGe   Sicherheit und Gesundheit
u. a.   unter anderem
u. U.   unter Umständen
VDI   Verband Deutscher Ingenieure
VE   Vergabeeinheiten
vgl.   Vergleiche
VOB/B   Vertragsordnung für Bauleistungen Teil B
WBS   Work Breakdown Structure (Projektstrukturplan)
WHG   Wasserhaushaltsgesetz
z. B.   zum Beispiel
ZTV   Zusätzliche Technische Vertragsbedingungen

Inhaltsverzeichnis

Autoren des Leistungsbildes Projektmanagement im Anlagenbau

Prof. Dr. Alexander Malkwitz (Leiter des Arbeitskreises) Prof. Dr. Alexander Malkwitz leitet das Institut für Baubetrieb und Baumanagement an der Universität Duisburg Essen, außerdem berät er Industrieunternehmen. Schwerpunkte seiner Arbeit sind die Optimierung von projektorientierten Geschäften insbesondere die Erarbeitung von Wachstumsstrategien, die Betreuung von Merger und Akquisitionsprozessen, von operativen Verbesserungen insbesondere auch der Optimierung von Projektmanagementprozessen für Unternehmen in Deutschland und Europa. Vor seiner universitären Tätigkeit war er bei A.T. Kearney als Berater und Partner sowie bei Hochtief als Bauleiter und Projektleiter tätig vornehmlich für Projekte in der Chemieindustrie wie im Kraftwerksbau. Alexander Malkwitz hat in München Bauingenieurwesen und Wirtschaftsingenieurwesen studiert.

Dipl.-Ing. Jens Bierwisch Jens Bierwisch ist Geschäftsführer der REDEQ GmbH welche auf dem Gebiet des Projektmanagements sowie Projektengineerings im Anlagenbau tätig ist. Er hat nach seinem Studium des Bauingenieurwesens an der Bergischen Universität Wuppertal den Bereich Projektmanagement in der Praxis betreut und verantwortete von 2007 bis 2010 die Erarbeitung von bautechnischen Regelwerken und Prozessen innerhalb eines weltweit agierenden Chemiekonzerns. Aus dieser Position heraus, war und ist er Mitglied in Projektsteuerungsteams bei Großinvestitionen in der chemischen Industrie. Sein Augenmerk gilt der umfassenden Projektvorbereitung, dem vorrausschauendem Planen und der frühzeitigen Berücksichtigung von Wechselwirkungen der Fachdisziplinen.

Johann Ehlers, M.Sc. Johann Ehlers, Jahrgang 1984 studierte Bauingenieurwesen mit der Vertiefung Baubetrieb und Wirtschaftswissenschaften an der Universität Duisburg-Essen, seit April 2012 wissenschaftlicher Mitarbeiter des Instituts für Baubetrieb und Baumanagement (IBB). Neben der Tätigkeit am IBB war er in einem mittelständischen Bauunternehmen tätig und arbeitete für ein Ingenieurbüro für Projektmanagement- und Beratungsleistungen. Hier war er im internationalen Claimmanagement für ein Anlagenbauprojekt tätig.

Dipl. -Ing. Thies Helbig Thies Helbig, geb. 1970 in Kiel, sammelte bereits während des Studiums Erfahrungen im Rahmen von Auslandspraktika und war nach dem Studium des Bauingenieurwesens an der Technischen Universität Berlin zunächst als Bau- und Projektleiter für die französische SOLETANCHE BACHY Gruppe in Europa, Afrika und Asien tätig und gründete im Jahr 2004 die PREUSSER HELBIG Ingenieure GmbH. Seit 2006 hat Herr Helbig einen umfangreichen Erfahrungsschatz im Anlagenbau gesammelt in seiner Tätigkeit als Gesamt-Projektleiter für die ABB Gruppe, sowohl in Projekten der Energiewende in der Deutschen Bucht, als auch in Projekten in Europa, Nord-Amerika, Afrika und dem Nahen und Mittleren Osten.

Dr. -Ing. Norbert Mittelstädt Dr.-Ing. Norbert Mittelstädt, Jahrgang 1955, studierte Bauingenieurwesen an der TU Braunschweig und promovierte an der Universität Kassel über Honorarbemessungen in der Projektsteuerung. Nach seinem Studium war er mit Aufgaben der Bauüberwachung und Projektleitung von Projekten im arabischen Ausland betraut. Ab 1986 übernahm er die Position des geschäftsführenden Gesellschafters eines großen Ingenieurbüros für Projektsteuerung. Das Spektrum der von ihm betreuten Projekte umfasste sowohl Bau- als auch Anlagenbauprojekte auf nationaler und internationaler Ebene. Seit 2007 ist er Geschäftsführer der PRISMA Projektingenieure für Strategie und Management GmbH in Braunschweig.

Prof. Dr. Ralf Steding Prof. Dr. Ralf Steding hat nach dem Abitur und einer Bankausbildung das Studium der Rechtswissenschaften an der Universität Bayreuth absolviert. Nach Studienaufenthalten in den Vereinigten Staaten von Amerika, Referendariat von 1994–1996 und einer Promotion zum Verfassungsrecht 1997 wurde Herr Steding Rechtsanwalt bei Kapellmann und Partner, dort ist er seit 2003 Partner, seit 2007 Lehrbeauftragter an der Technischen Universität Darmstadt und dort seit 2016 Honorarprofessor. Prof. Dr. Steding hält zahlreiche Vorträge und Seminare zum Recht des Anlagenbaus und der Projektabwicklung und ist (Mit-)Autor verschiedener Veröffentlichungen.

Einleitung

1

Zusammenfassung

Kapitel 1 führt in die Grundvoraussetzungen für das Leistungsbild ein. Es erläutert die für das Leistungsbild vorausgesetzte Projekt-Aufbauorganisation, die Handlungsbereiche sowie die Projektstufen. Abschließend erfolgt eine Definition von Tätigkeitsbegriffen.

Mit dem „Leistungsbild und Honorierung – Projektmanagementleistungen in der Bau- und Immobilienwirtschaft", erarbeitet von der AHO-Fachkommission „Projektsteuerung/ Projektmanagement" hat der AHO Ausschuss der Verbände und Kammern der Ingenieure und Architekten für die Honorarordnung e. V. ein Leistungsbild vorgelegt, welches in der Bau- und Immobilienwirtschaft vielfältig Verwendung findet. In der Einleitung zum Heft Nr. 9 der AHO-Schriftenreihe mit Stand vom Mai 2014 heißt es: „Die Beauftragung von Projektmanagementleistungen im deutschen Markt erfolgt heute überwiegend in Anlehnung oder unter Berücksichtigung der Leistungs- und Honorarordnung Projektmanagement AHO" (AHO 2014). Dies gilt, wie bereits erwähnt, jedoch nur für den Bereich der Bau- und Immobilienwirtschaft. Zu erkennen ist dieser Umstand unter anderem daran, dass mit der vierten Auflage der Leistungs- und Honorarordnung Projektmanagement des AHO von 2014 eine umfassende Neubearbeitung vorgelegt wurde, dessen Notwendigkeit in der Neufassung der Leistungsbilder der HOAI 2013 begründet war.

Für das hiermit vorgelegte Leistungsbild „Projektmanagement im Anlagenbau" gelten solche Randbedingungen aus der Bau- und Immobilienwirtschaft nur am Rande. Anstelle dessen gibt es für das Projektmanagement im Anlagenbau in der Regel ganz andere Anforderungen, denen das hiermit vorgelegte Leistungsbild gerecht werden muss. Aufgrund der Vielfältigkeit der Projekte im Industrieanlagenbau und deren Verschiedenheit, insbesondere auch im Hinblick auf die Projekt- und Vertragsorganisation, ist das Leistungsbild offen gehalten worden, um möglichst alle Anlagenbauprojekte, wie z. B. Produktionsanlagen, Kraftwerke oder Chemieanlagen abzudecken. Die einzelnen Leistungsbestandteile sind abstrakt formuliert, so dass sie als Grundlage für eine

© Springer-Verlag GmbH Deutschland 2016
A. Malkwitz et al., *Projektmanagement im Anlagenbau*, DVP Projektmanagement,
DOI 10.1007/978-3-662-53053-5_1

Leistungsvereinbarung dienen können. Anpassungen sind gegebenenfalls projektindividuell vorzunehmen. Trotz dieser Offenheit sind bei der Abfassung des Leistungsbildes
bestimmte Grundvoraussetzungen angenommen worden.

1.1   Grundvoraussetzungen für das Leistungsbild

Wie auch beim Heft Nr. 9 des AHO „Projektmanagementleistungen in der Bau- und Immobilienwirtschaft" werden mit dem Leistungsbild „Projektmanagement im Anlagenbau"
Leistungen beschrieben, die für den Bauherrn bzw. den Investor (Auftraggeber) durch eine
externe Projektsteuerung erbracht werden können. Sehr häufig ist dabei der Auftraggeber
auch gleichzeitig der Betreiber der zu erstellenden Anlage, da er diese für seinen Produktionsprozess nutzen will. Möglich ist aber auch die Konstellation, in welcher der Auftraggeber
nach Fertigstellung und Inbetriebnahme der Anlage diese an einen anderen Investor und/
oder Betreiber weitergibt. Da das Leistungsbild „Projektmanagement im Anlagenbau" weitgehend auf die Phasen von der Projektvorbereitung bis zur Inbetriebnahme und Abnahme
fokussiert ist, ergeben sich für die Aufgabenstellung des externen Projektmanagements
keine wesentlichen Unterschiede durch die Variation der Bauherren- und Betreiberfunktion.

Weiterhin wurde bei der Abfassung des Leistungsbildes „Projektmanagement im Anlagenbau" davon ausgegangen, dass das wesentliche Prozess-Know-how für die zu erstel-
lende Anlage bei einem oder wenigen Hauptauftragnehmern bzw. Hauptlieferanten liegt.
Der fachlich versierte Auftraggeber versteht es dabei, in den ersten beiden Projektstufen,
nämlich der Projektvorbereitung und dem Basic Engineering seinen Anforderungen an die
Anlage soweit Ausdruck zu geben, dass:

• die gewünschte Funktionalität umfassend beschrieben ist
• die zu beachtenden technischen Bedingungen und Betriebsmittelvorschriften umfassend definiert sind
• sowie bestimmte Leistungen, die nicht vom Hauptauftragnehmer erbracht werden sollen, ausreichend spezifiziert und abgegrenzt sind

Bestimmte Leistungspakete um die eigentliche Aufgabe der Anlagenerrichtung herum,
wie z. B. das Herrichten des Grundstücks, das Durchführen der baulichen Maßnahmen etc.
wird der Auftraggeber häufig gesondert vergeben. Beabsichtigt er eine feinere Unter-
gliederung der Vergaben (Einzelvergaben) kann das Leistungsbild projektindividuell angepasst werden.

1.2   Projekt-Aufbauorganisation

Zur Eingrenzung des Leistungsbildes „Projektmanagement im Anlagenbau" wurde in Bezug
auf die Grundleistungen von einer häufig vorzufindenden Projekt-Aufbauorganisation ausgegangen. Ein fachlich versierter Auftraggeber verfügt dabei über eigene fachspezifische

Kapazitäten zur Spezifikation, Planung und Überwachung der anstehenden Leistungen. Beteiligte Fachabteilungen des Auftraggebers gliedern sich grundsätzlich in die Bereiche „kaufmännisch/ juristisch", „technisch" und „betrieblich".

In aller Regel wird sich der Auftraggeber darüber hinaus, trotz seiner Fachkompetenz und häufig aus kapazitativen Gründen, der Unterstützung durch externe Fachspezialisten versichern. Neben der Projektsteuerung sind dies vor allem Ingenieure zur Erbringung von Leistungen in der Grundlagenermittlung, im Basic Engineering und bei der Vorbereitung sowie Mitwirkung der Ausschreibungen und Vergaben. Darüber hinaus sind Gutachter, sonstige Sonderfachingenieure und Spezialisten für die Inbetriebnahme meist einzuschalten.

Wie bereits oben beschrieben, wird für die Lieferung, Montage und Inbetriebnahme der Hauptanlage davon ausgegangen, dass nur wenige Hauptauftragnehmer vertraglich gebunden werden. Diese Hauptauftragnehmer sind dann in aller Regel auch Träger des erforderlichen Prozess-Know-hows. Für bestimmte Anteile des Hauptlieferumfanges werden sich die Hauptauftragnehmer zusätzlich weiterer Subunternehmer, u. a. für Montage und verschiedene Lieferumfänge bedienen. Darüber hinaus ist es nicht selten der Fall, dass bestimmte Anteile des Liefer- und Montageumfangs direkt vom Auftraggeber beauftragt werden. Dies sind die Herrichtung des Grundstückes, der bauliche Leistungsumfang sowie gegebenenfalls notwendige Arbeiten zur Anpassung bestehender Anlagen und zur Ver- und Entsorgung der Neuanlage.

In der nachfolgenden Abb. 1.1 sind die Grundsätze der für das Leistungsbild geltenden Organisation noch einmal dargestellt. Die im Leistungsbild zusätzlich enthaltenen

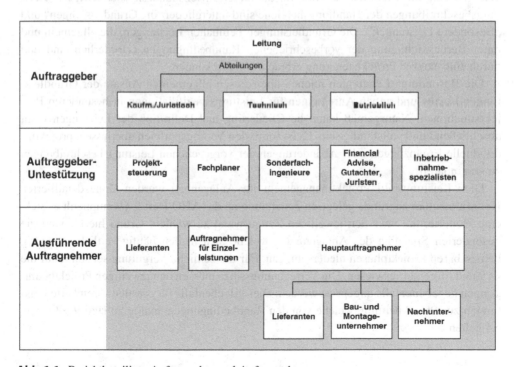

Abb. 1.1 Projektbeteiligte Auftraggeber und Auftragnehmer

„Besonderen Leistungen" gehen zu Teilen über die Annahme dieser Projekt-Aufbauorganisation hinaus. Gegebenenfalls sind diese aufgrund der tatsächlich geplanten Projekt-Aufbauorganisation projektindividuell anzupassen.

1.3   Handlungsbereiche

In Anlehnung an das Leistungsbild „Projektmanagementleistungen in der Bau- und Immobilienwirtschaft AHO" wurden für das Leistungsbild „Projektmanagement im Anlagenbau" fünf Handlungsbereiche gewählt, da sich diese Gliederung bereits bewährt hat. Der
fünfte Handlungsbereich „Verträge und Versicherungen" wurde dem AHO-Leistungsbild
2009 hinzugefügt.

Ein wesentlicher Grund für die Gliederung des Gesamtleistungsbildes in Handlungsbereiche über den gesamten Projektlaufzeitraum ist die Schaffung der Möglichkeit für den
Auftraggeber, lediglich Teilleistungen, bestehend aus einem oder mehreren Handlungsbereichen, an eine externe Projektsteuerung zu vergeben. So ist es in der Praxis des Anlagenbaus nicht selten der Fall, dass ein fachlich versierter Auftraggeber lediglich die
Terminplanung oder das Vertrags- und Claimmanagement an eine externe Projektsteuerung überträgt und die anderen Leistungen selbst durchführt.

Der Handlungsbereich „A – Organisation, Information, Integration und Genehmigungen" hat eine integrierende Funktion für die anderen vier Handlungsbereiche. Die Leistungsbeschreibungen der Handlungsbereiche sind untergliedert in „Grundleistungen" und
„Besondere Leistungen". Die Grundleistungen beinhalten Leistungen, die allgemein und
unter Berücksichtigung der vorbeschriebenen Randbedingungen erforderlich sind und
durch eine externe Projektsteuerung erbracht werden können.

Die Besonderen Leistungen reichen über diesen allgemeinen Ansatz der Grundleistungen hinaus und geben Anregungen für Leistungsspezifikationen in besonderen Pro-
jektsituationen. Naturgemäß kann die Gliederung und Definition der Leistungen nicht
abschließend und vollständig sein. Es ist somit den Vertragsparteien überlassen, projektin-
dividuelle Ergänzungen oder Abänderungen der vorgegebenen Leistungsbeschreibungen
zu vereinbaren.

Dem Leistungsbild Projektmanagement im Anlagenbau wurden keine detaillierten
Honorartabellen zugrunde gelegt. In Anlehnung an das AHO Heft 9 § 9 empfiehlt es sich,
eine Honorierung über den jeweiligen Zeitaufwand zu wählen. Grund hierfür sind die
gesonderten Spezifika des Anlagenbaus, welche sich in den häufig zeitlich schwierig
bemessbaren Projektphasen niederschlagen. Für die zeitliche Vergütung sei somit auf die
§§ 9 und folgende verwiesen. Die Verrechnungssätze müssen den jeweiligen Projektbedingungen gegebenenfalls angepasst werden. Dies gilt ebenfalls für etwaige vereinbarte Leistungen zur Projektleitung, welche von den Randbedingungen analog zu Heft 9 § 3 sowie
§ 4 gelten.

1.4   Projektstufen

Insgesamt ist das vorgelegte Leistungsbild „Projektmanagement im Anlagenbau" in Form einer Matrix gegliedert, die sich aus den Handlungsbereichen und den Projektstufen (Phasen) bildet. Im Vergleich zum Leistungsbild „Projektmanagementleistungen in der Bau- und Immobilienwirtschaft AHO" wurde dem Leistungsbild „Projektmanagement im Anlagenbau" eine weitere Phase, nämlich das „Detailed Engineering", hinzugefügt. Mit Übernahme dieser Phase in das Leistungsbild wurde dem häufig anzutreffenden und als Grundlage für das Leistungsbild dienenden Umstand Rechnung getragen, dass die in der dritten Projektstufe „Ausschreibung und Vergabe" vertraglich gebundenen Hauptauftragnehmer zunächst die erforderlichen, detaillierten Engineering-Leistungen erbringen und auf dieser Basis dann ihren Lieferung- und Leistungsverpflichtungen nachkommen.

Prinzipiell gilt für die Projektstufen (Phasen) Folgendes:

1.4.1   Projektstufe 1: Projektvorbereitung

In dieser Phase definiert der Auftraggeber mit Unterstützung seiner externen Projektsteuerung die Projektziele und ermittelt die für das Projekt zu berücksichtigenden Randbedingungen.

Außerdem werden die für das Basic Engineering (Projektstufe 2) und die Ausschreibungs- und Vergabephase (Projektstufe 3) benötigten Fachingenieure und Gutachter ausgewählt und deren vertragliche Bindung vorbereitet und realisiert.

1.4.2   Projektstufe 2: Basic Engineering

Eine Industrieanlage wird in aller Regel von ihrer Funktion her definiert und spezifiziert. Außerdem sind ergänzende technische Bedingungen festzulegen, die für den Auftraggeber unabdingbar sind. Dies können auch Bedingungen sein, die mit den örtlichen Gegebenheiten, Umweltvorgaben, nachbarschaftlichen Gegebenheiten etc. zu tun haben. In der zweiten Projektstufe, dem Basic Engineering, spezifiziert der Auftraggeber die von ihm gewünschte Anlage mit Hilfe der von ihm gebundenen Fachingenieure und Gutachter soweit, dass auf dieser Grundlage Angebote von Lieferfirmen und ausführenden Firmen eingeholt werden können (häufig als „Lastenheft" bezeichnet).

1.4.3   Projektstufe 3: Ausschreibung und Vergabe

Die Projektstufe 3 umfasst die Vorbereitung der Vergabe, mithin die Erstellung der Ausschreibungsunterlagen durch die Fachingenieure und sonstigen Spezialisten, die Einholung und Wertung von Angeboten, die Vergabe der Liefer- und Montageleistungen an den oder die Hauptauftragnehmer und gegebenenfalls zusätzliche Auftragnehmer für Teil- und Einzelleistungen. Die vom Auftraggeber gebundenen Fachingenieure und Gutachter wirken hieran genauso mit, wie das vom Auftraggeber eingeschaltete eigene Fachpersonal.

1.4.4   Projektstufe 4: Detailed Engineering

Das Detailed Engineering ist in aller Regel bereits Bestandteil der Leistungen der nunmehr vertraglich gebundenen Hauptauftragnehmer und gegebenenfalls zusätzlicher Einzelauftragnehmer für Teilleistungen. Die Anlage wird in dieser Phase detailliert spezifiziert. Der Auftraggeber wirkt hieran kontrollierend mit und lässt sich gegebenenfalls durch seine Fachingenieure und Gutachter unterstützen. Der Abschluss dieser Phase mündet in einer exakten und einvernehmlichen Spezifikation dessen, was gebaut und errichtet werden soll. Häufig wird diese Spezifikation auch als „Pflichtenheft" bezeichnet.

1.4.5   Projektstufe 5: Ausführung

In der Projektstufe 5 wird die Anlage hergestellt und bis hin zur Abnahmefähigkeit montiert. Die Hauptauftragnehmer, die sich häufig wesentliche Bauteile der Anlage zuliefern lassen, werden auch für die Montage in aller Regel Subunternehmen einschalten. Ein wichtiger Aspekt in dieser Phase ist die Kontrolle der Funktionsfähigkeit der Organisation der Hauptauftragnehmer mit ihren Subunternehmern und Lieferanten.

Teilleistungen, die gegebenenfalls gesondert vom Auftraggeber an Einzelauftragnehmer vergeben werden (z. B. einzelne Bauteile) sind in ihren Schnittstellen zum Hauptauftrag exakt vorzuplanen und zu kontrollieren, da solche Teilleistungen oftmals Vorbedingung für die Ausführungsleistungen des Hauptauftrages sind.

1.4.6   Projektstufe 6: Projektabschluss

In dieser Phase des Projektabschlusses werden die Abnahmen durchgeführt. Weiterhin ist auf eine gute und vollständige Projektdokumentation acht zu geben. Mängellisten sind zu führen und deren Abarbeitung ist zu überwachen.

Gegebenenfalls über den Abnahmezeitpunkt hinausreichende Leistungen, der externen Projektsteuerung während der Gewährleistungsphase und für Instandhaltungs- und Wartungsprozesse, sind in den Besonderen Leistungen exemplarisch niedergelegt.

In der nachfolgenden Abb. 1.2 wird eine grundsätzliche Abfolge der sechs Projektstufen mit Angabe der wesentlichen Projektvorgänge je Projektstufe vorgestellt. Die Projektstufen überschneiden sich zeitlich, insbesondere weil Planungs- und Ausführungsleistungen einzelner Anlagenteile anderer Anlagenkomponenten terminlich voraus laufen können und müssen.

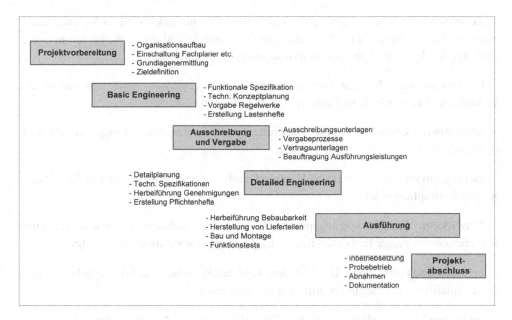

Abb. 1.2   Abfolge der Projektphasen

1.5   Definition von Tätigkeitsbegriffen

In dem nachfolgenden Leistungsbild werden Begriffe für die Tätigkeit der Projektsteuerung verwendet, die zur Klarstellung einer genaueren Erläuterung bedürfen. Dem Leistungsbild liegen folgende Definitionen für Tätigkeiten der Projektsteuerung zugrunde:

▶ **Abschließen**   Erforderliche Restarbeiten unter Einbeziehung der Beistellungen anderer Projektbeteiligter erledigen und ggf. in einer Abschlussdokumentation zusammenfassen (siehe auch „Dokumentieren").

▶ **Abstimmen**   Dafür Sorge tragen, dass zwischen den befassten Projektbeteiligten ein einvernehmliches Arbeitsergebnis erreicht wird, ggf. mittels abschließender Vorlage beim Auftraggeber zur Entscheidung.

▶ **Analysieren und Bewerten**   Kontrolle eines laufenden Projektprozesses/ Projektfortschritts bzw. der Leistungen der Projektbeteiligten in Stichproben mit dem Ziel einer Handlungsempfehlung an den Auftraggeber. Ansonsten beinhaltet die Leistung die Definition wie unter der Definition des Begriffs „Überprüfen".

▶ **Anpassen**   Überarbeitung von eigenen Arbeitsergebnissen der Projektsteuerung unter Berücksichtigung geänderter Verhältnisse oder neuer Erkenntnisse.

▶ **Beraten**   Aufzeigen von Handlungsalternativen, Auswahlkriterien und unmittelbaren Konsequenzen einer herbeizuführenden Entscheidung des Auftraggebers.

▶ **Berichten** Erstattung eines schriftlichen und/oder mündlichen Berichts über Sachverhalte, den Projektstatus und/oder den Projektverlauf einschließlich Prognosen in einem Umfang, der dem jeweiligen Informationserfordernis gerecht wird.

▶ **Dokumentieren** Belegen von Sachverhalten und geplanten sowie abgeschlossenen Verläufen durch geordnete und aufbereitete Dokumente.

▶ **Empfehlen** Übermittlung einer Handlungsempfehlung an den Auftraggeber, ggf. nach Beratung.

▶ **Entgegennehmen** Nach überschlägiger Durchsicht auf Vollständigkeit und Sachbezogenheit in Empfang nehmen.

▶ **Entwickeln** Erstellen von angepassten Aufstellungen, Abläufen, Prozessentwürfen und Vorgehensweisen unter Berücksichtigung der projektinternen Rahmenbedingungen.

▶ **Erfassen und Feststellen** Unter bestimmten Gesichtspunkten und zu einem bestimmten Zweck qualitativ und quantitativ ermitteln und registrieren.

▶ **Erstellen und Aufstellen** Schriftliche Ausarbeitung eines Arbeitsergebnisses.

▶ **Fortschreiben** Laufende Aktualisierung und ggf. Präzisierung der erarbeiteten Unterlagen.

▶ **Klären** Durch Untersuchungen, Recherchen, Befragungen, Abwägungen etc. einen aktuellen oder angestrebten Zustand feststellen.

▶ **Kontrollieren** Regelmäßiges Überprüfen in zeitlich angemessenen Intervallen (siehe Überprüfen).

▶ **Koordinieren** Laufend und im erforderlichen Maß dafür sorgen, dass sich alle befassten Projektbeteiligten sowohl zeitlich als auch inhaltlich zur Erreichung von im Sinne der Projektziele optimierten Zwischen- und Arbeitsergebnissen miteinander in Einklang bringen.

▶ **Mitwirken** Die Projektsteuerung fasst abschließend die genannten Teilleistungen in Zusammenarbeit mit anderen Projektbeteiligten inhaltlich zusammen und übermittelt diese mit einer eigenen Bewertung dem Auftraggeber zur Entscheidung.

▶ **Organisieren** Organisatorisch dafür Sorge tragen, dass die anstehende Aufgabe durch die Projektbeteiligten effektiv erledigt werden kann.

▶ **Präsentieren** Vorbereitung und Darstellung von Präsentationen zu Sachverhalten, zum Projektstatus und/oder zum Projektverlauf einschließlich Prognosen und unter Verwendung der erforderlichen Beistellungen anderer Projektbeteiligter.

▶ **Prüfen** Eine umfassende inhaltliche Prüfung auf Vertragskonformität und Richtigkeit. Entsprechende Unterlagen sind mit einem Prüfvermerk zu versehen. Die Prüfung von Rechnungen der Planungsbeteiligten und der sonstigen freiberuflich Tätigen umfasst eine entsprechende inhaltliche Kontrolle.

▶ **Steuern** Zielgerichtete Beeinflussung der Beteiligten zur Umsetzung der gestellten Aufgabe.

▶ **Teilnehmen** Die Projektsteuerung ist grundsätzlich zur Teilnahme verpflichtet.

▶ **Überprüfen** Kontrolle eines abgeschlossenen Arbeitsergebnisses in Stichproben mit dem Ziel der Freigabe des Arbeitsergebnisses oder der Verwerfung/Zurückweisung ohne Detailprüfung. Durchführung einer stichprobenhaften Kontrolle der Leistungsergebnisse, u. a. auf Vollständigkeit, Plausibilität und Übereinstimmung mit den Projektzielen. Die zu dokumentierenden Stichproben sind vom Auftragnehmer eigenverantwortlich so vorzunehmen, dass besonders kritische und fehlerträchtige Vorgänge fachgerecht kontrolliert und etwaige Mängel aufgedeckt werden können.

▶ **Überwachen** Laufende Feststellungen hinsichtlich der Einhaltung der wesentlichen Projektbedingungen und Projektvorgaben mit Abweichungsanalysen und Trendberechnungen.

▶ **Umsetzen** Einführung abgestimmter Prozesse und Entscheidungen über das Informations- und Besprechungswesen und Überprüfung deren Einhaltung durch die Projektbeteiligten.

▶ **Veranlassen** Initiieren von Handlungsschritten unter Berücksichtigung vertraglicher und organisatorischer Projektbedingungen.

▶ **Verfolgen** Entwicklung und Verlauf des Projektes im Hinblick auf vorgeplante Strategien und Ziele regelmäßig und in hinreichendem Detaillierungsgrad beobachten und registrieren sowie mit den Projektbeteiligten darüber in erforderlichem Maße kommunizieren.

▶ **Vorbereiten** Vorüberlegungen anstellen und sachlich sowie inhaltlich dafür Sorge tragen, dass die anstehende Aufgabe durch die Projektbeteiligten effektiv erledigt werden kann.

Literatur

AHO e.V. (2014). Projektmanagementleistungen in der Bau- und Immobilienwirtschaft, Heft Nr. 9 (4., vollst. überarb. Aufl.). Bundesanzeiger Verlag. Berlin.

Leistungsbild Projektmanagement im Anlagenbau

2

Zusammenfassung

In Kapitel zwei werden die Leistungsbilder in einer Stichwortliste über die Projekt-phasen dargestellt. Die Phasen 1-6 werden in Grundleistungen sowie Besonderen Leistungen dargestellt. Diese Darstellung gewährleistet dem Leser einen schnellen und detaillierten Überblick über die Phasen und Leistungsbilder.

2.1 Projektvorbereitung

2.1.1 Handlungsbereich A: Organisation, Information, Integration und Genehmigung

Grundleistungen
- Mitwirken bei der Festlegung der Projektziele anhand der Projektvorgaben
- Entwickeln und Abstimmen der Organisationsregeln und der Projektstrukturplanung
- Vorschlagen und Abstimmen des Entscheidungs- und Änderungsmanagements
- Koordinieren der Genehmigungs- und etwaiger Zertifizierungs- und Lizensierungsver-fahren
- Abstimmen und Veranlassen der Engineering-Prozesse
- Vorbereiten des Inbetriebnahmekonzeptes
- Entwickeln und Abstimmen der Dokumentationsstruktur
- Implementieren des Risikomanagements
- Mitwirken beim HSE-Management (Health, Safety, Environment)

Besondere Leistungen
- Veranlassen der Identifikation der Stakeholder und Erstellung der Stakeholderliste
- Analysieren und Bewerten der Anforderungen aus Bauen im Bestand (Brownfield)

© Springer-Verlag GmbH Deutschland 2016

A. Malkwitz et al., *Projektmanagement im Anlagenbau*, DVP Projektmanagement, DOI 10.1007/978-3-662-53053-5_2

- Projekte im Ausland
- Implementieren und Betreiben eines Projekt-Kommunikations-Management-Systems (Projektraum)
- Identifizieren der Anforderung an die operative Projektsteuerung mehrerer zusammenhängender Projekte

2.1.2   Handlungsbereich B: Qualitäten und Quantitäten

Grundleistungen
- Überprüfen der bestehenden Grundlagen zur Bedarfsplanung auf Vollständigkeit und Plausibilität
- Mitwirken bei der Klärung der Standortfragen, bei der Beschaffung der standortrelevanten Unterlagen und bei der Grundstücksbeurteilung hinsichtlich Nutzung in privatrechtlicher und öffentlich-rechtlicher Hinsicht
- Koordinieren von generellen Qualitätsanforderungen und Spezifikationen aus Normen/ Regelwerken und auftraggeberspezifischen Vorgaben
- Überprüfen der Ergebnisse der Grundlagenermittlung der Planungsbeteiligten

Besondere Leistungen
- Erstellen und Abstimmen einer Bedarfsplanung
- Veranlassen einer differenzierten Anfrage bzgl. der Infrastruktur und Beschaffung der relevanten Informationen und Unterlagen
- Klären und Erfassen der technischen Normen und der Zertifizierungsprozesse
- Klären und Erfassen von Quantitäten und Qualitäten zur Umsetzen einer Nachhaltigkeitsstrategie
- Mitwirken bei der Festlegung von Anforderungen an Wartung, Betrieb und Ersatzteilversorgung
- Klären und Erfassen von Quantitäten und Qualitäten der Anforderungen aus dem HSE Konzept
- Überprüfen der Grundlagenermittlung
- Klären und Erfassen landesspezifischer Einflussgrößen
- Erstellen und Koordinieren von Qualitätsanforderungen
- Prüfen von Anlagen hinsichtlich HSE-Anforderungen

2.1.3   Handlungsbereich C: Kosten und Finanzierung

Grundleistungen
- Planung von Investitionssummen und Nutzungskosten
- Überprüfen und Freigabevorschläge bzgl. der Rechnungen der Projektbeteiligten (außer ausführenden Unternehmen) zur Zahlung
- Abstimmen und Einrichten der projektspezifischen Kostenverfolgung

Besondere Leistungen
- Verwenden von auftraggeberseitig vorgegebenen IT-Programmen
- Mitwirken bei der Erstellung von Wirtschaftlichkeitsuntersuchungen

2.1.4 Handlungsbereich D: Termine, Kapazitäten und Logistik

Grundleistungen
- Klären und Erfassen der terminlichen und kapazitativen Rahmenbedingungen, z. B. hinsichtlich geplantem Produktionsbeginn, möglicher Störungen und Unterbrechungen des laufenden Betriebes und Genehmigungsprozesse etc.
- Klären und Erfassen der geplanten Eigenleistungen des Auftraggebers
- Aufstellen und Abstimmen des generellen Terminrahmens für das Gesamtprojekt in Form eines Rahmenterminplans sowie Herstellung von dazu erforderlichen Gremienvorlagen
- Aufstellen eines Steuerterminplans für die Phase des Basic Engineering mit Herausarbeitung der notwendigen Ausschreibungs- und Vergabezeitpunkte für die Planungsleistungen
- Klären und Erfassen logistischer Einflussgrößen unter Berücksichtigung relevanter Standortgegebenheiten und sonstiger Rahmenbedingungen

Besondere Leistungen
- Klären und Erfassen von bereits geplanten Stillstandszeiten für den laufenden Betrieb
- Grundsätzliches Bewerten terminlicher Auswirkungen alternativer Vergabearten, wie Einzel- oder Generalvergabe
- Präsentieren des generellen Terminrahmens in Gremiensitzungen
- Klären und Erfassen logistischer Einflussgrößen im Ausland unter Berücksichtigung relevanter Standortgegebenheiten und sonstiger Rahmenbedingungen
- Klären und Erfassen landesspezifischer Einflussgrößen im Ausland

2.1.5 Handlungsbereich E: Verträge und Versicherungen

Grundleistungen
- Organisieren der Erstellung einer Vergabe- und Vertragsstruktur für das Gesamtprojekt
- Vorbereiten und Abstimmen der Inhalte der Verträge für Engineering und Ausführung
- Mitwirken bei der Entscheidung der Form der Ausschreibung
- Klären des Rahmenterminplans im Hinblick auf Verträge für Engineering und Ausführung
- Mitwirken bei der Klärung des Versicherungskonzeptes

Besondere Leistungen
- Erfassen notwendiger Schnittstellenregelungen bei gewerkeweiser Vergabe
- Abstimmen von besonderen rechtlichen Vorgaben aus Auslandsbau
- Abstimmen von besonderen rechtlichen Vorgaben aus Bauen im Bestand

2.2 Basic Engineering

2.2.1 Handlungsbereich A: Organisation, Information, Integration und Genehmigungen

Grundleistungen
- Überprüfen der Wirksamkeit der Projektorganisation anhand der Zielvorgaben
- Umsetzen der Organisationsregeln und der Projektstrukturplanung
- Koordinieren des Entscheidungs- und Änderungsmanagements
- Koordinieren der Genehmigungs- sowie etwaiger Zertifizierungs- und Lizensierungsverfahren
- Analysieren, Bewerten und Steuern der Engineering-Prozesse
- Erarbeiten eines Inbetriebnahmekonzeptes
- Überwachen der Umsetzung der Projektdokumentation
- Mitwirken beim Risikomanagement
- Mitwirken beim HSE-Management (Health, Safety, Environment)

Besondere Leistungen
- Implementieren des Stakeholdermanagements
- Mitwirken bei der Umsetzung der Anforderungen aus Bauen im Bestand
- Projekte im Ausland
- Betreiben und Anpassen des Projekt-Kommunikations-Management-Systems (Projektraum)
- Entwickeln und Implementieren der operativen Projektsteuerungsstruktur mehrerer zusammenhängender Projekte

2.2.2 Handlungsbereich B: Qualitäten und Quantitäten

Grundleistungen
- Abstimmen des Umfangs, der Qualitätsanforderungen und des Detailierungsgrades des Basic Engineerings sowie der zu erarbeitenden Dokumente
- Koordinieren der Erstellung des Basic Engineerings mit allen Beteiligten und Einholen notwendiger Auftraggeberentscheidungen
- Analysieren und Bewerten der Leistungen der Planungsbeteiligten
- Steuern der Planung im Rahmen der Methode BIM und der BIM Administration

Besondere Leistungen

- Steuern und Prüfen der Planung hinsichtlich der Erfüllung eines vorgegebenen Nachhaltigkeitssystems
- Koordinieren von Anforderungen besonderer Zertifizierungsprozesse an das Basic Engineering
- Koordinieren und Erfassen von Quantitäten und Qualitäten zum Umsetzen einer Nachhaltigkeitsstrategie
- Klären und Erfassen landesspezifischer Einflussgrößen, z. B. Normen, Zertifizierungen, HSE
- Steuern und Prüfen der Planung hinsichtlich der Erfüllung eines vorgegebenen Nachhaltigkeitssystems

2.2.3 Handlungsbereich C: Kosten und Finanzierung

Grundleistungen

- Überprüfen der Kostenschätzung der Planer sowie Veranlassen etwaiger Gegensteuermaßnahmen
- Projektübergreifende Kostensteuerung zur Einhaltung der Kostenziele
- Steuern des Mittelbedarfs und des Mittelabflusses
- Überprüfen und Freigabevorschläge bezüglich der Rechnungen der Projektbeteiligten (außer ausführenden Unternehmen) zur Zahlung
- Fortschreiben der projektspezifischen Kostenverfolgung (kontinuierlich)

Besondere Leistungen

- Mitwirken bei der Erstellung weiterer Kostenschätzungen/Kostenberechnungen
- Mitwirken bei einem Value Engineering der geplanten Anlage

2.2.4 Handlungsbereich D: Termine, Kapazitäten und Logistik

Grundleistungen

- Fortschreiben des Rahmenterminplans für das Gesamtprojekt unter regelmäßiger Einbeziehung der Erkenntnisse aus dem Basic Engineering
- Verfolgen und Fortschreiben des Steuerterminplans für das Basic Engineering
- Terminsteuerung des Basic Engineering
- Aufstellen und Abstimmen eines Steuerterminplans für die Phasen der Ausschreibung und Vergabe und des Detailed Engineering
- Aufstellen und Abstimmen einer generellen Projektschnittstellenliste, sowohl in organisatorischer als auch in technischer und lokaler Hinsicht
- Aktualisieren der Erfassung logistischer Einflussgrößen

Besondere Leistungen
- Aufstellen von weiteren Rahmenterminplänen für alternative Vergabekonzepte
- Präsentieren alternativer Rahmenterminpläne in Gremiensitzungen und Mitwirkung bei der Herbeiführung von Entscheidungen
- Aufstellen und Abstimmen eines gesonderten Ausschreibungs- und Vergabetermin-plans für alle nach dem Basic Engineering zu vergebenden Leistungen
- Mitwirken an der Erstellung eines Logistikkonzepts
- Klären besonderer logistischer Maßnahmen im Abgleich mit öffentlichen Belangen sowie Anlieger- und Nachbarschaftsinteressen
- Klären logistischer Maßnahmen im Abgleich mit besonderen Anforderungen im Ausland

2.2.5 Handlungsbereich E: Verträge und Versicherungen

Grundleistungen
- Mitwirken bei der Durchsetzung von Vertragspflichten gegenüber den Beteiligten in der Engineering Phase
- Mitwirken bei der Modifizierung von rechtlichen Vorgaben für Engineeringverträge

Besondere Leistungen
- Abstimmen von besonderen rechtlichen Vorgaben bei gewerkeweiser Vergabe
- Abstimmen von besonderen rechtlichen Vorgaben aus Auslandsbau
- Abstimmen von besonderen rechtlichen Vorgaben aus Bauen im Bestand

2.3   Ausschreibung und Vergabe

2.3.1 Handlungsbereich A: Organisation, Information, Integration und Genehmigungen

Grundleistungen
- Bewerten der laufenden Prozesse auf Basis der Zielvorgaben
- Umsetzen der Organisationsregeln und der Projektstrukturplanung
- Koordinieren des Entscheidungs- und Änderungsmanagements
- Koordinieren der Genehmigungs- und etwaiger Zertifizierungs- und Lizensierungsver-fahren
- Analysieren, Bewerten und Steuern der Engineering-Prozesse
- Berücksichtigen des Inbetriebnahmekonzeptes beim Abgleich der Anlagenbeschrei-bung
- Überwachen der Umsetzung der Projektdokumentation
- Mitwirken beim Risikomanagement
- Mitwirken beim HSE-Management (Health, Safety, Environment)

Besondere Leistungen
- Mitwirken beim Stakeholdermanagement
- Mitwirken bei der Umsetzung der Anforderungen aus Bauen im Bestand
- Projekte im Ausland
- Betreiben und Anpassen des Projekt-Kommunikations-Management-Systems (Projektraum)
- Multiprojektmanagement – Projektsteuerung mehrerer zusammenhängender Projekte

2.3.2 Handlungsbereich B: Qualitäten und Quantitäten

Grundleistungen
- Erfassen und Feststellen von Präqualifizierung und Qualitätsstandards der Bieter
- Beraten zu Quantitäten und Qualitäten im Rahmen der Ausschreibungs- und Vergabeverfahren
- Überprüfen der Spezifikation und des Leistungsverzeichnisses bzw. der Leistungsbeschreibung
- Koordinieren und Mitwirken bei der Ausschreibung
- Mitwirken beim Analysieren und Bewerten der Angebote zu Quantitäten und Qualitäten
- Überwachen des Führens einer Vergabeakte

Besondere Leistungen
- Erfassen und Bewerten möglicher Lieferanten
- Abstimmen von Präqualifikationsverfahren möglicher Lieferanten und Nachunternehmer
- Prüfen der Ausschreibungsunterlagen in Bezug auf Quantitäten und Qualitäten
- Mitwirken bei der Entwicklung einer optimalen Vergabestrategie in Bezug auf Quantitäten und Qualitäten
- Mitwirken bei Verhandlungen mit etwaigen Bietern und Vergabeempfehlung
- Klären und Erfassen landesspezifischer Einflussgrößen

2.3.3 Handlungsbereich C: Kosten und Finanzierung

Grundleistungen
- Überprüfen der ermittelten Soll-Werte für die Vergaben auf der Basis der aktuellen Kostenberechnungen
- Überprüfen und Freigabevorschläge bzgl. der Rechnungen der Projektbeteiligten (außer ausführenden Unternehmen) zur Zahlung
- Überprüfen der erstellten Kostenermittlungen
- Überprüfen und Vergleichbarkeit der Angebotsauswertungen herstellen

- Kostensteuerung unter Berücksichtigung der Angebotsprüfungen
- Vorgeben der Deckungsbestätigungen für Aufträge
- Planen von Mittelbedarf und Mittelabfluss
- Fortschreiben der projektspezifischen Kostenverfolgung (kontinuierlich)

Besondere Leistungen
- Mitwirken bei der Erstellung weiterer Kostenschätzungen/Kostenberechnungen
- Mitwirken bei einem Value Engineering der geplanten Anlage

2.3.4 Handlungsbereich D: Termine, Kapazitäten und Logistik

Grundleistungen
- Fortschreiben des Rahmenterminplans für das Gesamtprojekt
- Definieren von vertraglichen Anforderungen an die Terminplanung, die Terminverfolgung und das Terminberichtswesen der zu beauftragenden Auftragnehmer
- Aufstellen eines für alle zu beauftragenden Auftragnehmer geltenden, gesamtheitlichen Vertragsterminplans auf Basis des Rahmenterminplans
- Verfolgen und Fortschreiben des Steuerterminplans für die Phasen der Ausschreibung und Vergabe und des Detailed Engineering
- Aufstellen und Abstimmen eines detaillierten Terminplans für die Eigenleistungen des Auftraggebers
- Terminsteuerung der Ausschreibungs- und Vergabephase
- Fortschreiben der generellen Projektschnittstellenliste
- Überprüfen der vorliegenden Angebote im Hinblick auf vorgegebene Terminziele und Managementprozesse
- Aktualisieren der Erfassung logistischer Einflussgrößen

Besondere Leistungen
- Individuelles Ergänzen des gesamtheitlich geltenden Vertragsterminplans für gewerkeweise Vergabe
- Verfolgen, Fortschreiben und Steuern des gesonderten Ausschreibungs- und Vergabeterminplans
- Mitwirken an der Weiterentwicklung des Logistikkonzeptes
- Klären besonderer logistischer Maßnahmen im Abgleich mit öffentlichen Belangen sowie Anlieger- und Nachbarschaftsinteressen
- Klären logistischer Maßnahmen im Abgleich mit besonderen Anforderungen im Ausland

2.3.5 Handlungsbereich E: Verträge und Versicherungen

Grundleistungen
- Beraten bei der terminlichen und inhaltlichen Strukturierung des Vergabeverfahrens
- Mitwirken bei der Vorbereitung von Verträgen
- Organisieren der Durchführung der notwendigen Verhandlungstermine für den Auftraggeber

- Mitwirken bei der Vergabe bis zum Vertragsschluss für den Auftraggeber
- Mitwirken bei der Durchsetzung von Vertragspflichten gegenüber den Beteiligten
- Mitwirken an der Vorbereitung des Claim-Managements

Besondere Leistungen
- Mitwirken bei Vergabeverfahren nach formalem Vergaberecht
- Mitwirken bei der Vorbereitung und Vergabe eines Instandhaltungsvertrages
- Abstimmen von besonderen rechtlichen Vorgaben bei gewerkeweiser Vergabe
- Abstimmen von besonderen rechtlichen Vorgaben aus Auslandsbau
- Abstimmen von besonderen rechtlichen Vorgaben aus Bauen im Bestand

2.4 Detailed Engineering

2.4.1 Handlungsbereich A: Organisation, Information, Integration und Genehmigungen

Grundleistungen
- Bewerten der laufenden Prozesse auf Basis der Zielvorgaben
- Umsetzen der Organisationsregeln und der Projektstrukturplanung
- Koordinieren des Entscheidungs- und Änderungsmanagements
- Koordinieren der Genehmigungs- und etwaiger Zertifizierungs- und Lizensierungsverfahren
- Analysieren, Bewerten und Steuern der Engineering-Prozesse
- Berücksichtigen des Inbetriebnahmekonzeptes zur Abstimmung mit dem Engineering und den HSE Anforderungen
- Überwachen der Umsetzung der Projektdokumentation
- Mitwirken beim Risikomanagement
- Mitwirken beim HSE-Management (Health, Safety, Environment)

Besondere Leistungen
- Mitwirken beim Stakeholdermanagement
- Mitwirken bei der Umsetzung der Anforderungen aus Bauen im Bestand
- Projekte im Ausland
- Betreiben und Anpassen des Projekt-Kommunikations-Management-Systems (Projektraum)
- Multiprojektmanagement – Projektsteuerung mehrerer zusammenhängender Projekte

2.4.2 Handlungsbereich B: Qualitäten und Quantitäten

Grundleistungen
- Abstimmen des Umfangs und des Detaillierungsgrades des Detailed Engineerings, sowie der zu erarbeitenden Dokumente
- Steuern der Planung im Rahmen der Methode BIM und der BIM Administration

- Abstimmen der Qualitätsanforderungen an das Detailed Engineering
- Koordinieren der Erstellung des Detailed Engineerings mit allen Beteiligten und Einholen notwendiger Auftraggeberentscheidungen
- Analysieren und Bewerten der Leistungen der Planungsbeteiligten
- Erfassen und Bewerten von Lieferanten für Systemkomponenten

Besondere Leistungen
- Steuern von Planungsänderungen inkl. Behinderungsmanagement
- Koordinieren von Planungsentscheidungen
- Anforderungen an Zertifizierungen Einholen, Abstimmen und Koordinieren
- Prüfen der Gültigkeit von technischen Normen
- Mitwirken bei der Prüfung und Freigabe der Planung
- Beraten und Festlegen des Engineering Freeze
- Koordinieren und Erfassen von Quantitäten und Qualitäten zur Umsetzung einer Nachhaltigkeitsstrategie
- Klären und Erfassen landesspezifischer Einflussgrößen, z. B. Normen, Zertifizierungen, HSE
- Prüfen spezieller Anforderungen von Normen und Zertifizierungen im Ausland

2.4.3   Handlungsbereich C: Kosten und Finanzierung

Grundleistungen
- Kostensteuerung zur Einhaltung des Budgets
- Steuern von Mittelbedarf und Mittelabfluss
- Überprüfen und Freigabevorschläge bzgl. der Rechnungen der Projektbeteiligten zur Zahlung
- Vorgeben von Deckungsbestätigungen für Nachträge
- Fortschreiben der projektspezifischen Kostenverfolgung (kontinuierlich)

Besondere Leistungen
- Prüfen der Rechnungen der ausführenden Unternehmen

2.4.4   Handlungsbereich D: Termine, Kapazitäten und Logistik

Grundleistungen
- Fortschreiben des Rahmenterminplans für das Gesamtprojekt
- Fortschreiben und ggf. Verfeinern der Projektschnittstellenliste

- Aufstellen, Abstimmen, Verfolgen und Fortschreiben eines gesamtheitlichen Steuerterminplans für die Phase des Detailed Engineering und der nachfolgenden Phasen unter Einbeziehung der Terminplanung der Auftragnehmer sowie Verifizierung des Steuerterminplans mittels kapazitativer Betrachtungen
- Verfolgen, Fortschreiben und Steuern eines detaillierten Terminplans für die Eigenleistungen des Auftraggebers
- Kontrollieren der Terminplanung der Auftragnehmer im Abgleich zum gesamtheitlichen Steuerterminplan und Koordination der Auftragnehmer zur Behebung von Unstimmigkeiten
- Terminsteuerung des Detailed Engineering
- Aktualisieren der Erfassung logistischer Einflussgrößen

Besondere Leistungen
- Aufstellen und Abstimmen von besonderen Stillstandsplanungen mit zugehörigen Kapazitätsplanungen auf Grundlage der Planungen der Projektbeteiligten sowie Einbeziehung in den gesamtheitlichen Steuerterminplan
- Abstimmen und Aufstellen eines gesonderten Terminplans für Fertigungskontrollen des Auftraggebers
- Abstimmen und Aufstellen von alternativen Abläufen auf Grundlage der Angaben von Projektbeteiligten und Herausarbeiten der Vor- und Nachteile
- Regelmäßiges Abstimmen des gesamtheitlichen Steuerterminplans mit der SiGe-Koordination
- Mitwirken an der Weiterentwicklung des Logistikkonzeptes
- Klären besonderer logistischer Maßnahmen im Abgleich mit öffentlichen Belangen sowie Anlieger- und Nachbarschaftsinteressen
- Klären logistischer Maßnahmen im Abgleich mit besonderen Anforderungen im Ausland

2.4.5 Handlungsbereich E: Verträge und Versicherungen

Grundleistungen
- Mitwirken bei der Durchsetzung von Vertragspflichten gegenüber den Beteiligten in der Engineeringphase
- Mitwirken bei der eventuellen Modifizierung der rechtlichen Engineeringvorgaben
- Mitwirken beim Claim-Management

Besondere Leistungen
- Koordinieren der versicherungsrelevanten Schadensabwicklung
- Veranlassen der Analyse und Bewertung erteilter Genehmigungen und anderer behördlicher Entscheidungen, Mitwirken bei der Umsetzung

2.5   Ausführung

2.5.1   Handlungsbereich A: Organisation, Information, Integration und Genehmigungen

Grundleistungen
- Bewerten der laufenden Prozesse auf Basis der Zielvorgaben
- Umsetzen der Organisationsregeln und der Projektstrukturplanung
- Koordinieren des Entscheidungs- und Änderungsmanagements
- Koordinieren der Genehmigungs- und etwaiger Zertifizierungs- und Lizensierungsverfahren
- Analysieren, Bewerten und Steuern der Engineering-Prozesse
- Initiieren und Überwachen des Inbetriebnahmeprozesses
- Überwachen der Umsetzung der Projektdokumentation
- Mitwirken beim Risikomanagement
- Mitwirken beim HSE-Management (Health, Safety, Environment)

Besondere Leistungen
- Mitwirken beim Stakeholdermanagement
- Mitwirken bei der Umsetzung der Anforderungen aus Bauen im Bestand
- Projekte im Ausland
- Betreiben und Anpassen des Projekt-Kommunikations-Management-Systems (Projektraum)
- Multiprojektmanagement – Projektsteuerung mehrerer zusammenhängender Projekte

2.5.2   Handlungsbereich B: Qualitäten und Quantitäten

Grundleistungen
- Verfolgen und Steuern der Überwachung von Produktion und Montage
- Beraten und Abstimmen von Anpassungsmaßnahmen bei Gefährdung von Projektzielen in Bezug auf Quantitäten und Qualitäten
- Mitwirken beim Claim-Management
- Mitwirken bei der Erstellung und Aufstellung von Mängellisten
- Überwachen der Durchführung von FAT
- Überwachen der Einhaltung von HSE-Vorgaben im HSE-Management sowie in Notfallplänen

Besondere Leistungen
- Steuern von Zertifizierungsprozessen
- Koordinieren der Werkspakete (bei Einzelvergabe)
- Mitwirken an (Teil)-Abnahmen

- Überwachen und Steuern der Qualitätsüberwachung
- Prüfen von Normengültigkeit und Steuern der Auswirkung von Normenaktualisierungen im Projektverlauf
- Steuern von Controllingaufgaben
- Mitwirken bei der Prüfung von Eigenclaims
- Prüfen von Quantitäten und Qualitäten von Nachhaltigkeitskomponenten
- Klären und Erfassen landesspezifischer Einflussgrößen
- Erfassen und Feststellen von besonderen Anforderungen hinsichtlich HSE-Anforderungen während der Ausführung

2.5.3 Handlungsbereich C: Kosten und Finanzierung

Grundleistungen
- Kostensteuerung zur Einhaltung des Budgets
- Steuern von Mittelbedarf und Mittelabfluss
- Überprüfen und Freigabevorschläge bzgl. der Rechnungen Projektbeteiligten zur Zahlung
- Vorgeben von Deckungsbestätigungen für Nachträge
- Fortschreiben der projektspezifischen Kostenverfolgung (kontinuierlich)

Besondere Leistungen
- Prüfen der Rechnungen der ausführenden Unternehmen

2.5.4 Handlungsbereich D: Termine, Kapazitäten und Logistik

Grundleistungen
- Fortschreiben des Rahmenterminplans für das Gesamtprojekt
- Verfolgen und Fortschreiben des gesamtheitlichen Steuerterminplans für die Phasen der Ausführung und des Projektabschlusses
- Fortschreiben der detaillierten Projektschnittstellenliste
- Verfolgen, Fortschreiben und Steuern des detaillierten Terminplans für die Eigenleistungen des Auftraggebers
- Kontrollieren der Terminplanung der Auftragnehmer im Abgleich zum gesamtheitlichen Steuerterminplan und Koordination der Auftragnehmer zur Behebung von Unstimmigkeiten
- Terminsteuerung der Ausführung, auch durch regelmäßige Baustellenkontrollen
- Aufstellen und Abstimmen eines Steuerterminplans für die Inbetriebnahme bis hin zur Übergabe/Übernahme unter Integration der Beiträge aller Projektbeteiligten einschließlich der Nutzer
- Verfolgen der Projektlogistik

Besondere Leistungen

- Weiterführen und Detaillieren von besonderen Stillstands- und Kapazitätsplanungen auf Grundlage der Angaben der Projektbeteiligten sowie Einbeziehen in den gesamtheitlichen Steuerterminplan
- Verfolgen, Fortschreiben und Steuern des gesonderten Terminplans für Fertigungskontrollen des Auftraggebers
- Aufstellen und Abstimmen von alternativen Abläufen auf Grundlage der Angaben von Projektbeteiligten sowie Herausarbeiten der Vor- und Nachteile
- Regelmäßiges Abstimmen des gesamtheitlichen Steuerterminplans mit der SiGe-Koordination
- Detaillierte Vor-Ort-Terminsteuerung von Stillstandszeiten
- Überwachen und Steuern der Projektlogistik
- Überwachen und Steuern logistischer Maßnahmen mit besonderen Anforderungen im Ausland
- Mitwirken bei Untersuchungen und Verhandlungen zu Anpassungen von Vertragsterminen
- Unterstützen des Claim Managements mit Angaben zu Terminen und Kapazitäten

2.5.5　Handlungsbereich E: Verträge und Versicherungen

Grundleistungen

- Mitwirken bei der Durchsetzung von Vertragspflichten gegenüber den Beteiligten in der Ausführungsphase
- Mitwirken beim Claim-Management

Besondere Leistungen

- Mitwirken und Unterstützen bei Streitschlichtung und Streitentscheidung
- Koordinieren der versicherungsrelevanten Schadensabwicklung
- Veranlassen der Analyse und Bewertung erteilter Genehmigungen und anderer behördlicher Entscheidungen, Mitwirken bei der Umsetzung

2.6　Projektabschluss

2.6.1　Handlungsbereich A: Organisation, Information, Integration und Genehmigungen

Grundleistungen

- Bewerten der laufenden Prozesse auf Basis der Zielvorgaben
- Umsetzen der Organisationsregeln und der Projektstrukturplanung
- Abschließen des Entscheidungs- und Änderungsmanagements
- Koordinieren der Genehmigungs- und etwaiger Zertifizierungs- und Lizensierungsverfahren

- Abschließen der Engineering-Prozesse
- Überwachen und Abschließen des Inbetriebnahme-Prozesses
- Abschließen der Projektdokumentation
- Abschließen des Risikomanagements
- Mitwirken beim HSE-Management (Health, Safety, Environment)

Besondere Leistungen
- Mitwirken beim Stakeholdermanagement
- Mitwirken bei der Umsetzung der Anforderungen aus Bauen im Bestand
- Projekte im Ausland
- Explementieren des Projekt-Kommunikations-Management-Systems (Projektraum)
- Multiprojektmanagementsystem – Projektsteuerung mehrerer zusammenhängender Projekte

2.6.2   Handlungsbereich B: Qualitäten und Quantitäten

Grundleistungen
- Entwickeln des Prozesses und der Tests für Inbetriebsetzung, Inbetriebnahme und Probebetrieb
- Mitwirken beim Claim-Management
- Vorbereiten der Durchführung von Abnahmen sowie Teilnahme
- Steuern, Zusammenführen und Listen der offenen Punkte sowie deren Abarbeitung
- Koordinieren der Auflistung der Verjährungsfristen für Mängelansprüche
- Mitwirken beim Aufbau einer Organisation zur Ersatzteillieferung und Lagerung
- Nachverfolgen der Mängellisten
- Koordinieren der Umsetzung von Betreiberpflichten
- Veranlassen, Koordinieren und Steuern der Beseitigung nach der Abnahme aufgetretener Mängel

Besondere Leistungen
- Koordinieren und Überprüfen der Vollständigkeit der Abnahmedokumentation
- Koordinieren, Steuern und Abschließen der Zertifizierungsprozesse
- Mitwirken bei der Prüfung von Eigenclaims
- Klären und Erfassen landesspezifischer Einflussgrößen

2.6.3   Handlungsbereich C: Kosten und Finanzierung

Grundleistungen
- Überprüfen und Freigabevorschläge bzgl. der Rechnungen der Projektbeteiligten
- Überprüfen und Freigabevorschläge bzgl. der Rechnungsprüfung zur Zahlung an ausführende nicht verfahrenstechnische Gewerke nach Übergabe an den Kunden

- Überprüfen und Freigabevorschläge bzgl. der Rechnungsprüfung der Projektsteuerung on site zur Zahlung an ausführende verfahrenstechnische Gewerke nach Betriebsaufnahme
- Überprüfen der Leistungen der Planungsbeteiligten bei der Freigabe von Sicherheitsleistungen
- Abschließen der projektspezifischen Kostenverfolgung

Besondere Leistungen
- Mitwirken bei der Abarbeitung offener, strittiger Positionen i.R.d. Claimmanagements
- Mitwirken bei der Prüfung der Erfüllung der Wartungsverträge und Ersatzteillieferung

2.6.4 Handlungsbereich D: Termine, Kapazitäten und Logistik

Grundleistungen
- Verfolgen und Fortschreiben des Steuerterminplans für die Inbetriebnahme bis hin zur Übergabe, Übernahme und Abnahme unter Integration der Beiträge aller Projektbeteiligten einschließlich der Nutzer
- Steuern der vertraglich vorgegebenen Schritte bei Inbetriebnahme, Probebetrieb, Übergabe, Übernahme und Abnahme
- Dokumentieren des geplanten und des tatsächlichen Verlaufs des Projektes

Besondere Leistungen
- Unterstützen des Claim Managements mit Angaben zu Terminen und Kapazitäten
- Aufstellen und Abstimmen eines gesonderten Terminplans für die Aktivitäten der Auftragnehmer zur Anlagenwartung sowie Instandhaltung ab Übergabe, Übernahme und Abnahme
- Verfolgen, Fortschreiben und Steuern des Terminplans für die Aktivitäten der Auftragnehmer zur Anlagenwartung und Instandhaltung für eine vorab festzulegende Zeitspanne

2.6.5 Handlungsbereich E: Verträge und Versicherungen

Grundleistungen
- Mitwirken bei den rechtsgeschäftlichen Voraussetzungen des Projektabschlusses, insbesondere Abnahme
- Mitwirken beim Claim-Management
- Veranlassen der Überwachung zur Einhaltung behördlicher Genehmigungen

Besondere Leistungen
- Mitwirken und Unterstützung bei Streitschlichtung und Streitentscheidung
- Koordinieren der versicherungsrelevanten Schadensabwicklung
- Kontrollieren der Umsetzung eines Instandhaltungsvertrages
- Veranlassen von Analyse und Bewertung erteilter Genehmigungen und anderer behördliche Entscheidungen, Mitwirken bei der Umsetzung

Kommentar zu den Grundleistungen sowie Besonderen Leistungen des Projektmanagements im Anlagenbau

Zusammenfassung

Die ausführliche Kommentierung der Stichwortliste aus Kapitel 2 umfasst das komplette Leistungsbild „Projektmanagement im Anlagenbau". Die Leistungsbilder sind informativ und überschaubar dargestellt. Es werden alle Leistungen über die sechs Projektphasen kommentiert.

3.1 Projektstufe 1: Projektvorbereitung

3.1.1 Handlungsbereich A: Organisation, Information, Integration und Genehmigungen

Grundleistungen

3.1.1.1 Mitwirken bei der Festlegung der Projektziele anhand der Projektvorgaben

Es ist die Aufgabe der Projektsteuerung anhand der vorhandenen Projektvorgaben den Zielfindungsprozess zu initiieren und moderierend zu begleiten. Durch das Festlegen der Projektziele, Projektteilziele und der entsprechenden Priorisierung gilt es die Arbeitsgrundlagen für die folgenden Projektphasen zu finden und zu verankern.

In Abstimmung mit dem Auftraggeber sind die relevanten Interessenvertreter (Investor, Nutzer, Betreiber und Engineering-Partner) von der Projektsteuerung mit einzubeziehen um belastbare Grundlagen für die Zielerreichung und einen anforderungsgerechten Projektablauf zu definieren. Zielkonflikte zwischen den Interessenvertretern sind zu eruieren und Problemstellungen sind rechtzeitig zu erkennen.

© Springer-Verlag GmbH Deutschland 2016

A. Malkwitz et al., *Projektmanagement im Anlagenbau*, DVP Projektmanagement,
DOI 10.1007/978-3-662-53053-5_3

Der Zielfindungsprozess stützt sich auf die aktuellen Fassungen der vorhandenen Planungsunterlagen und aktueller Randbedingungen:

- Projektorganisation
- Projektauftrag
- Strategische Ziele der Businesseinheit
- Vorhandene Machbarkeitsstudien/Engineering Dokumente/Prozesssimulationen
- Informationen zu Produkten und geplanten Kapazitäten sowie Verfügbarkeit
- Qualifizierungskonzepte
- Infrastruktur
- Kostenermittlungen
- Terminpläne
- Stand der Genehmigungsprozesse

Die Projektziele sind in Abhängigkeit des Anlagentyps sehr stark priorisierungswürdig zwischen baulastigen oder prozesslastigen Anlagen. Einzubeziehen sind folgende Parameter:

- Produkte, Kapazitäten,
- Warenfluss, Produktionssysteme
- Verfügbarkeit
- Projektstrategie
- Kosten, Termine Qualität aus den Handlungsbereichen B-E des Heftes

Zum Abschluss des Zielfindungsprozesses stellt die Projektsteuerung die festgelegten Ziele anhand Ihrer Priorisierung zusammen und stimmt diese final mit dem Auftraggeber ab. Von der Projektsteuerung ist hierzu eine Bewertungsbasis zu schaffen, die es erlaubt in jeder späteren Projektphase den Zielerreichungsgrad festzustellen.

3.1.1.2 Entwickeln und Abstimmen der Organisationsregeln und der Projektstrukturplanung

Die Projektsteuerung hat in Abstimmung mit dem Auftraggeber für die Schaffung von Regeln zu sorgen die die Arbeit der Projektbeteiligten systematisch strukturierten und das Zusammenwirken der Projektbeteiligten zur Erreichung des Projektzieles ermöglichen.

Dazu sind anhand der Projektvorgaben, der bestehenden Aufbauorganisation des Auftraggebers und unter Einbeziehung der Betreiber die bestehenden Grundlagen zu erfassen und auf deren Basis ein Konzept zur Einführung der projektspezifischen Organisationsvorgaben mit dem Auftraggeber abzustimmen. Besonderen Stellenwert kommt der Dynamik innerhalb der Projektorganisation zu. Entsprechend der Projektphasen sind die Veränderungen innerhalb der Organisation zu beachten und konzeptionell einzubinden.

Das abgestimmte Konzept ist in Übereinstimmung mit dem Auftraggeber mit hoher Priorität den Projektbeteiligten vorzugeben beziehungsweise abzustimmen. Dabei können Vorschläge, resultierend aus vorangegangenen Projekten des AG zur Optimierung aufgenommen und abgestimmt werden. Einen Arbeitsschwerpunkt zur Einführung der Projektorganisation stellt die aktive Kommunikation der Projektsteuerung zu den Projektbeteiligten dar.

Aufbauorganisation

Die Projektsteuerung schlägt eine Form der Aufbauorganisation vor und stimmt diese mit dem Auftraggeber ab. Die grafische Darstellung in Form eines Organigramms ist aus Gründen der allgemeinen Akzeptanz empfehlenswert. Folgende Kriterien sind für das Aufstellen relevant:

- Organisationsform (Matrix, Projekt, Auftragsorganisation)
- Projektbeteiligte
- Klare Festlegung der Verantwortlichkeiten und Aufgaben
- Definition der Schnittstellen der Aufgabenbereiche (evtl. Koordinatoren)
- Berücksichtigung des internen Entscheidungsablaufs
- Berücksichtigung von Weisungsbefugnissen
- Veränderungen über den Projektablauf

Ablauforganisation

Die Organisation des Projektablaufes im Anlagenbau ist von einigen Rahmenbedingungen, wie Genehmigungszeiten, Lieferzeiten und Engineering Aufwand bestimmt.

Projektstrukturplanung

Da der Projektstrukturplan die Organisationsbasis aller weiteren Arbeitspakete darstellt, kommt ihm eine besondere Bedeutung zu. Der PSP ist auf das Projektziel auszurichten und die im Projekt notwendigen Arbeiten sind hierarchisch zu strukturieren. Die Erfordernisse des Berichtswesens, daher eindeutige Bezeichnungen, messbare und abgestimmte Arbeitspaketgrößen, sind bei der Erstellung des Projektstrukturplanes zu berücksichtigen. Gleichzeitig sind die Anforderungen des Auftraggebers und des Nutzers/Betreibers zur Abstimmung mit der WBS-Struktur der Betriebsverwaltungssoftware einzubeziehen. Die Erstellung einer PSP-Begleitdokumentation ist empfehlenswert und sollte Folgendes enthalten:

- Kennung für den Projektstrukturcode
- Arbeitspaketbeschreibung
- Abweichungen in der Struktur
- Zuständigkeiten
- Meilensteine
- Kostenschätzungen
- Abnahmekriterien
- Gates
- Informationen zu getroffenen Vereinbarungen
- Ressourcen
- Qualitätsanforderungen

Reporting

Das Reporting ist Teil des Projekt-Informationssystems und ist von der Projektsteuerung derart abzustimmen und umzusetzen, dass der Auftraggeber und die Projektsteuerung selbst über den Stand und die Entwicklung des Projektes in festgelegten Zeitintervallen informiert werden und auf Basis der Projektstatusberichte Gegenmaßnahmen eingeleitet werden können, falls die Situation dies erfordert. Zu beachten sind:

- Auftraggeberseitige Vorgaben
- Vorgaben an die Engineering Partner
- Analyse zurückliegender Leistungen
- Einbeziehung von Projektprognosen
- Status Risiken / Probleme / Chancen
- Arbeiten im betrachteten Zeitraum
- Genehmigte Änderungen

Die Projektsteuerung legt die Inhalte und Reportingintervalle aller in das Berichtswesen integrierten Beteiligten fest sowie die Verfahrensweise zur Auswertung und Übernahme der gewonnenen Daten. Die Projektsteuerung stimmt den Ablauf der Einzelreports zum zusammengefassten Statusbericht ab und macht für das Controlling Angaben zum Inhalt des Statusberichtes für den Auftraggeber.

Kommunikationsstruktur

Die Projektsteuerung schlägt eine Kommunikationsstruktur vor und stimmt diese mit dem Auftraggeber ab. Folgende Parameter sollten in die Struktur einbezogen werden:

- Besprechungen
- Berichte
- Reporting
- Schriftverkehr
- Kommunikationsstrukturebene
- Ort, Leitung, Protokollführer, Turnus,
- Eskalationsszenario
- Sprache
- Freigabe von vertraulichen Informationen
- Terminologie
- Verfahren zur Optimierung der Struktur

Projektinformationssystem

Die Projektkommunikation unterliegt vielfältigen Anforderungen in Bezug auf Technologieverfügbarkeit, Benutzerfreundlichkeit, und nicht zuletzt der Vertraulichkeit von Informationen. Die Reichweite erstreckt sich von der Informationsübertragung auf der zwischenmenschlichen Ebene bis zur Übermittlung der kompletten Projektdokumentation.

Die Projektsteuerung wertet die Anforderungen an die Projektkommunikation aus und stimmt diese mit dem Auftraggeber ab. Folgende Randbedingungen sollten berücksichtigt werden:

- Zulässige Art der Kommunikationsübertragungen (Mail, Brief, Datenpakete)
- Vereinbarung von Antwort-Zeiten
- Berücksichtigung der Kommunikationsmöglichkeiten anhand der Organisation des Auftraggebers
- Einsatz von Projekträumen
- Kommunikationsfluss mit Einbeziehung der Organisationseinheiten

3.1.1.3 Vorschlagen und Abstimmen des Entscheidungs- und Änderungsmanagements

Entscheidungsmanagement

Um die notwendigen Entscheidungsprozesse zu implementieren und so das Herbeiführen von Entscheidungen zeitgerecht und organisatorisch zu ermöglichen hat die Projektsteuerung ein adäquates Entscheidungsmanagement vorzuschlagen und abzustimmen. Dieser Prozess verläuft parallel und in Abstimmung mit der Erstellung der Aufbau- und Ablauforganisation sowie unter Berücksichtigung der Projektziele und der Projektvorgaben.

Da Projekte von größeren planbaren Einheiten zu kleineren Einheiten verlaufen, ergeben sich aus dieser Konstellation Varianten von Machbarkeiten, deren Ausführung und Umsetzung einer Festlegung bedarf. Der Entscheidungsbedarf sowie die Grundlagen auf deren Basis die Entscheidungen getroffen werden sollen sind von den Projektbeteiligten zu erarbeiten beziehungsweise zu kommunizieren:

- Entscheidungsgrundlagen
- Entscheidungsalternativen sowie deren Beurteilung im Hinblick auf sich ergebende Konsequenzen (Termine, Kosten, Qualitäten)
- Spätester Entscheidungstermin
- Freigabe zur Umsetzung durch den verantwortlichen Entscheider

Änderungsmanagement

Änderungen im Projekt können auf allen Ebenen der Projektorganisation, im Engineering und im Ausführungsbereich notwendig werden und können sowohl Einsparungen als auch Mehrleistungen zur Folge haben. Daher hat die Projektsteuerung im Hinblick auf den organisatorischen Aufwand ein Änderungsmanagement vorzuschlagen und abzustimmen, welches die Konsequenzen einer Änderung für jeden Handlungsbereich abzuschätzen und die Auswirkung auf die Projektziele mit einzubeziehen erlaubt. Das Änderungsmanagement deckt dabei den gesamten Änderungsprozess vom Änderungswunsch bis zur Dokumentation, Engineering und Ausführung unter Berücksichtigung der Vertragsbeziehungen der Projektbeteiligten untereinander ab.

3.1.1.4 Koordinieren der Genehmigungs- und etwaiger Zertifizierungs- und Lizensierungsverfahren

Die Projektsteuerung führt die Genehmigungs- und Zertifizierungserfordernisse koordinierend zusammen sowie plant und steuert erforderliche Anträge, einzureichende Unterlagen und einzuholende Gutachten. Diese Koordinierungsleistung der Projektsteuerung geht über das Initiieren der Feststellung der Verfahren hinaus und erfordert eine intensive Kommunikation mit den Projektbeteiligten. Koordiniert die Projektsteuerung Genehmigungs- und Zertifizierungsverfahren, so laufen notwendigerweise auch inhaltliche Fragen bei ihr zusammen. Im Anlagenbau sind Verfahren nach dem Bundesimmissionsschutzgesetz und dem WHG häufig und typisch und mit erheblichem Aufwand verbunden, sodass entsprechende interne Prozesse von der Projektsteuerung frühzeitig zu initiieren sind. Die Projektsteuerung muss diese Fragen zur Beantwortung an die jeweils fachlich Verantwortlichen weiterleiten und die entsprechenden Beiträge zusammenstellen. Die Klärung folgender Fragestellungen ist von der Projektsteuerung im Sinne der technischen Genehmigungsgrundlagen zu veranlassen:

- Emissionen/Stoffinventar
- Erforderliche Sicherheitsabstände im Rahmen einer QRA
- Auswirkungen auf die soziale Infrastruktur
- Einbindung in vorhandene Systeme
- Stand der Technik/beste verfügbare Technik

Im Rahmen der formalen Genehmigungsgrundlagen sind zu klären:

- Bauleitplanung
- Anforderungen der Betriebssicherheitsverordnung
- Notwendigkeit einer UVP
- Umfang der Genehmigungen und Antragsunterlagen
- Gefährdungsbeurteilungen, Betriebsanweisungen
- Öffentlich-rechtliche Abnahmen nach Baurecht/Immissionsschutzrecht
- Anforderungen nach dem Bundesimmissionsschutzgesetz
- Anforderungen nach dem WHG (soweit einschlägig)

3.1.1.5 Abstimmen und Veranlassen der Engineering-Prozesse

Parallel zur Schaffung der Organisationsvorgaben sind die Abläufe des Engineeringprozesses unter Beachtung der erarbeiteten Organisationsregeln abzustimmen und umzusetzen.

Die Abläufe des Engineeringprozesses sind unter Beachtung des Projektstrukturplanes festzulegen und durch einen Steuerungsterminplan zeitlich vorzusehen. Die Abhängigkeiten/Wechselwirkungen zwischen den Engineering-Dienstleistern sind mit den am Engineering-Prozess beteiligten Verantwortlichen zu klären und festzulegen.

- Nachweis der fachlichen Abdeckung durch Engineering Partner, Gutachter und Verantwortliche des Auftraggebers

- Beachtung der Anforderungen an die Engineering-Dokumente zum Austausch zwischen den Leistungserbringern
- Planverteilungsmanagement
- Anforderungen an die Qualität, Dateiformat und Datenaustausch der Engineering-Dokumente

3.1.1.6 Vorbereiten des Inbetriebnahmekonzeptes

Die Projektsteuerung veranlasst das Bereitstellen aller zur Verfügung stehenden und notwendigen Informationen seitens des Auftraggebers und des Anlagenbetreibers hinsichtlich der Inbetriebnahme.

3.1.1.7 Entwickeln und Abstimmen der Dokumentationsstruktur

Die Anforderungen an die Dokumentation sind unter Beachtung der vom Auftraggeber festgelegten Prioritäten festzulegen. Es sind die erforderlichen Formate der Engineering Partner sowie die Anforderungen der Nutzer und Betreiber zu berücksichtigen. Folgende Rahmenbedingungen haben Einfluss auf die Dokumentation:

- Vom AG gewünschter Dokumentationsumfang
- Vorhandene Dokumentationsvorgaben des Auftraggebers (formale Anforderungen, CAD-Richtlinien)
- Sicherheit der Dokumente gegen Veränderung
- Sicherung von Zwischenständen
- Erteilung und Verwaltung von Zugriffsrechten auf einen Ablageort
- Ablage der Dokumente in ein Dokumentenmanagementsystem

Die Dokumentation schließt alle erzeugten Dokumente inklusive der schriftlichen Kommunikation der Projektsteuerung mit ein.

3.1.1.8 Implementieren des Risikomanagements

Der Auftraggeber ist zur Beurteilung der projektrelevanten Risiken von der Projektsteuerung zu beraten.

Nach Anforderung des Auftraggebers sind in den Bereichen der wissenschaftlichen, technologischen und organisatorischen Gebiete die Risiken anhand der Beiträge der Fachgebiete von der Projektsteuerung zusammenzutragen und auszuwerten. Werden Risikobereiche identifiziert, zu denen noch Grundlagen zu erarbeiten sind, sind diese von den Verantwortlichen der Fachgebiete bereitzustellen.

Weiterführend wird von der Projektsteuerung eine Risikomatrix erarbeitet auf deren Grundlage Maßnahmen zur Risikominimierung vom Auftraggeber im Hinblick auf einen adäquaten Umgang mit Risiken abgestimmt werden können. Diese Maßnahmen sind mit dem Projektumfeld bezüglich auf der Eintrittswahrscheinlichkeit, Aufdeckungsschwierigkeit und Schadenshöhe des Ereignisses abzustimmen.

Risikoerfassung und Risikomanagement ist eine fachübergreifende Aufgabenstellung unter der Koordination der Projektsteuerung die bis zum Projektabschluss in den Projektphasen nach den veränderten Situationen und den Anforderungen erneut zu betrachten ist. Unter Koordination der Projektsteuerung und zur Einführung des Risikomanagements in den Projektmanagementgesamtablauf ist der Risikomanagementplan fertig zu stellen und dem Auftraggeber vorzustellen.

Risikoerfassung und Risikomanagement sind eine fachübergreifende Aufgabenstellung unter Koordination der Projektsteuerung die bis zum Projektabschluss betrieben wird.

3.1.1.9 Mitwirken beim HSE-Management (Health, Safety, Environment)

Zur Umsetzung der Anforderungen an Umweltschutz, Sicherheit und Gesundheit sind die HSE Managementfestlegungen des Auftraggebers in der Projektorganisation zu erfassen und zu implementieren. Die Projektsteuerung stimmt ihre Arbeitsergebnisse mit dem vom Auftraggeber zu benennenden HSE-Koordinator ab. Im Projektverlauf sind die Forderungen aus den HSE Regelungen mit den Anforderungen aus den Projektphasen abzugleichen. Folgende Schritte sind zu beachten:

- Mitarbeit an der Umsetzung der auftraggeberseitigen HSE- Zielen für das Projekt (Projektziele)
- Einbeziehung des Anlagensicherheitskonzeptes
- Auswerten der HSE-Zwischenziele incl. Reporting
- Einbeziehung der betrieblichen Vorgaben wie Betriebsanweisungen und Arbeitsanweisungen
- Auswertungen der Arbeitsschutz-Ereignisse mit dem Auftraggeber
- Veranlassen von Sicherheitsrundgängen, Schulungen und Toolbox-Meetings
- Teilnahme an HAZOP Studien (PAAG-Verfahren)
- Veranlassung der anlagentechnischen Bewertung im Sinne des QRA und Koordination der sich ergebenden Anforderungen.
- Einbeziehung zutreffender und nicht gesetzlicher Regelungen entsprechend dem Stand der Sicherheitstechnik

Besondere Leistungen

3.1.1.10 Veranlassen der Identifikation der Stakeholder und Erstellung der Stakeholderliste

Die Projektsteuerung initiiert und steuert die Erstellung eine Stakeholderliste. Hierzu sind die Stakeholder zu identifizieren und deren Einfluss/Macht auf den Projektverlauf und zu treffende Entscheidungen zu analysieren. Als Grundlagen dienen:

- Projektauftrag
- Existentes Unternehmensumfeld
- Prozessvermögen der Organisation
- Geplante Beschaffungen

Abschließend legt die Projektsteuerung die erarbeitete Stakeholderliste dem Auftraggeber zur Abstimmung vor.

3.1.1.11 Analysieren und Bewerten der Anforderungen aus Bauen im Bestand (Brownfield)

Die Projektsteuerung koordiniert das Analysieren und Bewerten der Einflüsse resultierend aus der Bestandssituation auf die Projektorganisation, die Zielsetzung und das Risikomanagement. Hierzu können der Anlagenzustand und die Bestandsdokumentation ausgewertet werden. Großen Einfluss hat auch die Frage ob und für welchen Zeitraum die zu überplanende Anlage weiterbetrieben, beliefert oder abgestellt wird. Die gewonnenen Erkenntnisse fließen unmittelbar in den Projektablauf mit ein. Folgende Schritte sollten in die Analyse und Bewertung aufgenommen werden:

- Berücksichtigung der Einflüsse auf das Risikomanagement durch nicht erkennbare Abweichungen von der Bestandsplanung und Abnutzung
- Koordinieren des Erwirkens von belastbaren Planungsgrundlagen für den Bestandsbereich, Überprüfen der Auswertungen und falls erforderlich Veranlassen von Bestandsaufnahmen
- Mitwirken bei der Ermittlung von betrieblichen Anforderungen auf den Projektablauf
- Mitwirken bei der Ermittlung der Einflüsse vom „Bauen im Bestand" auf die Projektziele sowie Vergabestrategie

3.1.1.12 Projekte im Ausland

Liegt der Errichtungsstandort des Projektgegenstandes nicht in Deutschland, sind zu Beginn der Vorbereitungsphase relevante Einflussgrößen und Bedingungen unter Betrachtung der Einwirkungen für alle Planungsphasen zu betrachten. Hierzu zählen:

- Politische Stabilität und Sicherheitsanforderungen
- Leistungsfähigkeit der Infrastruktur für die Projektinformation
- Landessprache, Projektsprache
- Arbeitszeitregelungen
- Zeitverschiebung
- Landesspezifische Regelungen zum Arbeitsschutz, Umweltschutz und Gesundheitsschutz (HSE)

3.1.1.13 Implementieren und Betreiben eines Projekt-Kommunikations-Management-Systems (Projektraum)

Die Projektsteuerung betreibt auf Basis von gemeinsamen Festlegungen mit dem Auftraggeber ein „Projekt-Kommunikations-Management-Systems". Das PKMS-System ist zur Verfügung zu stellen und zu betreiben. Für generelle Festlegungen zwischen den Vertragspartnern empfiehlt sich ein gesonderter Vertrag.

3.1.1.14 Identifizieren der Anforderung an die operative Projektsteuerung mehrerer zusammenhängender Projekte

Eine Projektsteuerung mehrerer Projekte gemeinsam mit dem Hauptprojekt, wird durch die Erweiterung oder Schaffung der infrastrukturellen Möglichkeiten im Anlagenbau notwendig. Die Konstellation ISBL, OSBL ist vom Projektsteuer vollumfänglich zu bewerten. Hierbei sind zu beachten:

- Ressourcen
- Termin und Kapazitätsplanung
- Einheitliches Qualitätsmanagement
- Erstellen einer gesamtheitlichen Strategie
- Zusammenwirken von Strukturen und Prozessen

3.1.2 Handlungsbereich B: Qualitäten und Quantitäten

Grundleistungen

3.1.2.1 Überprüfen der bestehenden Grundlagen zur Bedarfsplanung auf Vollständigkeit und Plausibilität

Die Bedarfsplanung ist Teil der Projektentwicklung. Die endgültig beschlossene Bedarfsplanung bildet den Übergang von der Projektentwicklung zum Projektmanagement der Planung und Ausführung. Die Bedarfsplanung ist auf Vollständigkeit und Plausibilität zu überprüfen.

Im Rahmen der Bedarfsplanung gilt es, die noch vorhandenen Freiheitsgrade im Planungsprozess dahingehend zu nutzen, dass zunächst der tatsächliche Bedarf analysiert, abgestimmt und formuliert wird, damit schließlich die Bedarfsplanung alle nötigen und erforderlichen Grundlagen für spätere Planungsentscheidungen umschreibt und festlegt. Die Projektsteuerung analysiert hierfür zunächst die vorgefundenen Planungsgrundlagen, zeigt etwaige fehlende Elemente, Inkonsistenzen und Fehler auf und klärt weitere Vorgehensweise spätestens bis zum Beginn der eigentlichen Planung ab. Die Bedarfsplanung sollte in enger Abstimmung mit der Erstellung des Investitionsrahmens sowie eines Rahmenterminplanes erfolgen.

Falls keine Bedarfsplanung vorliegt, weißt die Projektsteuerung den Auftraggeber hierauf hin und empfiehlt eine ergänzende Beauftragung.

3.1.2.2 Mitwirken bei der Klärung der Standortfragen, der Beschaffung standortrelevanter Unterlagen und der Grundstücksbeurteilung bezüglich Nutzung in privatrechtlicher und öffentlich-rechtlicher Hinsicht

Die Projektsteuerung überprüft die Ergebnisse einer Standortanalyse auf Plausibilität im Hinblick auf die Projektgrundlagen und zeigt etwaig resultierende erforderliche Maßnahmen auf.

Für den unwahrscheinlichen Fall, dass keine Standortanalyse vorliegen sollte, weist die Projektsteuerung den Auftraggeber darauf hin, eine solche erstellen zu lassen.

3.1.2.3 Koordinieren von generellen Qualitätsanforderungen und Spezifikationen aus Normen/Regelwerken und auftraggeberspezifischen Vorgaben

Die Projektsteuerung koordiniert die Projektbeteiligten unter Berücksichtigung der relevanten Randbedingungen (d. h. Bedarfsplanung, Gesetze, Normen, Regelwerke, standortrelevante Besonderheiten, etc.) sowie insbesondere der auftraggeberspezifischen Vorgaben im Hinblick auf Qualitätsanforderungen und Spezifikationen mit der Zielsetzung, die Qualitätsanforderungen und Spezifikationen in einem kontinuierlichen Prozess aufeinander abzustimmen, zu verifizieren und ggfs. anzupassen.

3.1.2.4 Überprüfen der Ergebnisse der Grundlagenermittlung der Planungsbeteiligten

Die Projektsteuerung analysiert die Ergebnisse der Grundlagenermittlung der Planungsbeteiligten, klärt eventuelle Unklarheiten und führt notwendige Grundsatzentscheidungen herbei, welche für die anschließende Vorplanung etwaig erforderlich sind. Eine detaillierte und sorgfältige Grundlagenermittlung reduziert das Risiko späterer Störungen im Projektverlauf. Die durch den Auftraggeber definierten Ziele der Grundlagen werden durch die Projektsteuerung fortgeschrieben und dokumentiert.

Besondere Leistungen

3.1.2.5 Erstellen und Abstimmen einer Bedarfsplanung

Die Projektsteuerung koordiniert – basierend auf den Grundlagen (vgl. Ziffer 3.1.2.1) – das Erstellen der Bedarfsplanung mit allen Projektbeteiligten und legt das Ergebnis dem Auftraggeber zur Zustimmung vor. Der Umfang und die erforderlichen Elemente der Bedarfsplanung variieren je nach Projekttyp und -zweck und sind dementsprechend an das jeweilige Projekt anzupassen bzw. darauf auszurichten.

3.1.2.6 Veranlassen einer differenzierten Anfrage bzgl. der Infrastruktur und Beschaffung der relevanten Informationen und Unterlagen

Im Anlagenbau ist die Infrastruktur häufig maßgebender Parameter für die Standortwahl, weshalb die Standortwahl selbst und Beschaffung relevanter Informationen zur Infrastruktur der Standortwahl einhergehen bzw. sich häufig beeinflussen. Die Projektsteuerung sorgt deshalb dafür, dass alle relevanten Informationen und Unterlagen zur Infrastruktur, d. h. Abwasser, Regenwasser, Schmutzwasser, Einleitungsmöglichkeiten in Kanalnetze, Flüsse, Seen, Meere, Stromversorgung, Leistungsreserven, Datenkommunikation, Evakuierungswege und -ressourcen, Kampfmittelwahrscheinlichkeiten, militärische bzw. sicherheitstechnische Randbedingungen und Belange, Bodenbeschaffenheit sowie Umweltdaten angefragt, beschafft und analysiert werden. Die Unterlagen werden dann in den Planungsstufen der Grundlagenermittlung, der Vor- und Entwurfsplanung von der Projektsteuerung als Entscheidungsgrundlagen eingebracht, geprüft und etwaige Einflüsse werden dokumentiert.

3.1.2.7 Klären und Erfassen der technischen Normen und der Zertifizierungsprozesse

Die Projektsteuerung recherchiert und dokumentiert die anzuwendenden technischen Normen sowie den für das Projekt erforderlichen Zertifizierungsprozess bzw. die erforderlichen Zertifizierungsprozesse. Unter Umständen ist es hierzu erforderlich, dass die Projektsteuerung Untersuchungen und Befragungen sowie Recherchen durchführt, um die für das spezifische Projekt besten und geeignetsten Prozesse zu bestimmen und Normenhierarchien zu klären. Die anzuwendenden Normen und deren Hierarchien sowie Zertifizierungsprozesse werden von der Projektsteuerung an die relevanten Projektbeteiligten kommuniziert und deren Umsetzung stichprobenartig nachverfolgt.

3.1.2.8 Klären und Erfassen von Quantitäten und Qualitäten zur Umsetzung einer Nachhaltigkeitsstrategie

Unter Berücksichtigung der Projektanforderungen (siehe z. B. Bedarfsplanung) bezüglich der Nachhaltigkeit eines Projektes klärt und erfasst die Projektsteuerung qualitative und quantitative Anforderungen an die Umsetzung einer Nachhaltigkeitsstrategie und koordiniert deren Überführung in ein Nachhaltigkeitskonzept.

3.1.2.9 Mitwirken bei der Festlegung von Anforderungen an Wartung, Betrieb und Ersatzteilversorgung

Unter Berücksichtigung der Projektanforderungen (siehe z. B. Bedarfsplanung) wirkt die Projektsteuerung mit bei der Festlegung der Anforderungen an die zukünftige Wartung, den Betrieb des Projektes sowie an die Anforderungen an die Ersatzteilversorgung. Hierzu koordiniert die Projektsteuerung Erwartungen und Anforderungen des Auftraggebers an die Projektbeteiligten und wirkt auf deren verbindliche Festlegung hin.

3.1.2.10   Klären und Erfassen von Quantitäten und Qualitäten der Anforderungen aus dem HSE Konzept

Die Projektsteuerung klärt und erfasst die qualitativen und quantitativen Anforderungen, welche sich aus dem HSE-Konzept ergeben.

Falls kein HSE-Konzept vorliegt, weist die Projektsteuerung den Auftraggeber hierauf hin und empfiehlt eine ergänzende Beauftragung.

3.1.2.11   Überprüfen der Grundlagenermittlung

Im Rahmen der Phase der Projektvorbereitung prüft die Projektsteuerung die Projektgrundlagen hinsichtlich Quantitäten und Qualitäten und steuert ggfs. deren Ermittlung und Dokumentation. Die Zielsetzung ist eine möglichst klare und zielgerichtete Abbildung des Bedarfs sowie die Anforderungen des Projektes zu erstellen.

3.1.2.12   Klären und Erfassen landesspezifischer Einflussgrößen

Die Projektsteuerung recherchiert und dokumentiert landesspezifische Einflussgrößen; hierzu zählen einerseits Einflussgrößen, welche sich ergeben, da das Projekt selbst im

Ausland realisiert werden soll und andererseits Einflussgrößen, welche sich daraus ergeben, dass Teilleistungen des Projektes in Drittländern oder aus Drittländern heraus erbracht werden sollen. Beispiele für landespezifische Einflussgrößen sind Normen, Herstellungsprozesse, Standards, Qualitätsmanagement, HSE-Besonderheiten, Transportwege und -mittel etc. Unter Umständen ist es hierzu erforderlich, dass die Projektsteuerung Untersuchungen und Befragungen sowie Recherchen durchführt.

3.1.2.13 Erstellen und Koordinieren von Qualitätsanforderungen

Die Projektsteuerung klärt und erfasst die qualitativen und quantitativen Anforderungen, welche sich aus der Tatsache ergeben, dass das Projekt innerhalb eines bereits existenten (oder bereits abgeschlossenen) Projektes realisiert wird. Hierzu ist es u.U. erforderlich, den Kreis der Projektbeteiligten – vor dem Hintergrund des Projektes im Bestand zu realisieren, aktiv zu hinterfragen und ggfs. zu erweitern.

3.1.2.14 Prüfen von Bedingungen hinsichtlich HSE-Anforderungen

Die Projektsteuerung prüft und dokumentiert die HSE-Anforderungen, welche sich aus der Tatsache ergeben, dass das Projekt innerhalb eines bereits existenten Projektes realisiert wird.

Falls das HSE-Konzept den Bau im Bestand nicht ausreichend berücksichtigt, weist die Projektsteuerung den Auftraggeber hierauf hin und empfiehlt eine ergänzende Beauftragung.

3.1.3 Handlungsbereich C: Kosten und Finanzierung

Grundleistungen

3.1.3.1 Planung von Investitionssumme und Nutzungskosten

Die Planung von Investitionssumme und Nutzungskosten liegt in aller Regel in den Händen des Auftraggebers selbst. Der Auftraggeber legt im Rahmen eines Projektprofils neben den grundsätzlichen zeitlichen Vorstellungen auch ein (geschätztes) Investitionsbudget fest und beurteilt unter anderem Risiken und Alternativen.

Die Projektsteuerung unterstützt diesen Prozess, führt die Ergebnisse zusammen und dokumentiert die Ergebnisse so, dass sie für zukünftige Kostenschätzungen und Kostenberechnungen strukturelle Grundlage sein können.

3.1.3.2 Überprüfen und Freigabevorschläge bzgl. der Rechnungen der Projektbeteiligten (außer ausführenden Unternehmen) zur Zahlung

Maßgebliche Aufgabe der Projektsteuerung im Bereich Kosten und Finanzierung ist die Prüfung und Übermittlung von Freigabevorschlägen von Rechnungen der Planungsbeteiligten an den Auftraggeber. Ziel liegt darin, dass der Auftraggeber ausnahmslose und dem

Grunde sowie der Höhe nach gerechtfertigte Rechnungen bezahlt. In der frühen Phase der Projektvorbereitung sind zu prüfende und mit Freigabevorschlägen zu versehende Rechnungen meist von Beratern, Planern oder Gutachtern.

Soweit der Auftraggeber dieses vorgibt, erarbeitet die Projektsteuerung eine Prüfroutine für interne Abteilungen des Auftraggebers.

Der Prüfungsumfang der Projektsteuerung betrifft zunächst alle Formalien, insbesondere den Adressaten, die Vollständigkeit der Informationen (z. B. Steuernummer etc.) und weitere gegebenenfalls vertraglich zu beachtende Vorgaben. Weiter überprüft die Projektsteuerung die sachliche und terminliche Richtigkeit der Rechnungen und unterbreitet dem Auftraggeber entsprechende Vorschläge zur Zahlung und/oder (teilweisen) Zurückweisung. Dazu schaltet die Projektsteuerung erforderlichenfalls andere Projektbeteiligte ein. Dabei hat sich die Projektsteuerung an die vertraglichen Vorgaben zu halten und eventuelle unternehmensinterne Vorgaben zu überprüfen und zu beachten.

Aufgrund der Komplexität von zu erbringenden Leistungen innerhalb von Meilensteinen, ist die Vorbereitung und Teilnahme der Projektsteuerung an gesonderten Meetings der Leistungsfeststellung und Meilensteinzuordnung erforderlich.

3.1.3.3 Abstimmen und Einrichten der projektspezifischen Kostenverfolgung

Die Überwachung des Projektbudgets, ist eine weitere wesentliche Aufgabe der Projektsteuerung. Zur Erfüllung dieser Aufgabe hat die Projektsteuerung die Pflicht, eine projektspezifische Kostenverfolgung gemeinsam mit dem Auftraggeber abzustimmen und im Rahmen des Projekts formell und sachlich einzurichten.

Der Stand des Projektbudgets ist zu jedem Zeitpunkt des Projekts essenziell, da häufig die Entscheidungen der Projektleitung oder Unternehmensführung vom Stand des Projektbudgets abhängig sind. Erstes Ziel der projektspezifischen Kostenverfolgung ist die Aktualität und ständige Fortschreibung. Die Projektsteuerung installiert daher ein Erfassungs- und Berichtswesen, welches alle kostenrelevanten Faktoren, wie Honorarrechnungen, Auftragssummen für beauftragte sowie ausführende Unternehmen etc. erfasst. Eine Trennung in Investitionskosten und operative Kosten (Capex und Opex) ist sinnvoll und erfolgt nach Vorgabe des Auftraggebers durch die Projektsteuerung.

Da gelegentlich eine Vielzahl sowohl von Planungsleistungen als auch von Komponenten als Eigenleistung (Beistellung) des Auftraggebers erbracht wird, ist es außerdem erforderlich, die geplanten Aufwände, Ressourcen und Leistungsansätze der Eigenleistungen festzulegen und nachzuhalten.

Ferner sind die Art (Tabellenkalkulation oder Kostenermittlungs- und -steuerungsprogramm) sowie der Umfang (Gliederungstiefe, Kontenzuordnungen, etc.) der Budgetkontrolle in Absprache mit dem Auftraggeber festzulegen und an die Projektbeteiligten zu übermitteln. Eine Kenntnis und enge Abstimmung mit der Auftraggeberorganisation ist für die Projektsteuerung erforderlich.

Das Controlling erfolgt in der vom Investor vorgegebenen mitlaufenden Kalkulation (Mika).

Im Rahmen der durchzuführenden Kostenverfolgung ist die Art und Weise der Leistungsmeldung/Feststellung der Stichtage und die Methodik mit Grundlagen der Projektfortschrittsmessungen in Zusammenhang mit der Percentage of Completion-Methode, in Abstimmung mit dem Auftraggeber festzulegen. In Verbindung mit der Einrichtung der mitlaufenden Kalkulation, gilt es die damit verbundenen Schnittstellen und Kriterien sowie die vorhandenen oder gewünschten Reportingstrukturen des Risikomanagements abzustimmen. Dabei ist der Umfang der eigenen Leistungen des Auftraggebers, im Rahmen des Controlling zu berücksichtigen. Das Controlling ist folglich eng an die betrieblichen und projektspezifischen Vorgaben des Auftraggebers anzupassen.

In Zusammenhang mit der Rahmen- und Steuerterminplanung, ist ein voraussichtlicher Zahlungsplan zu entwickeln. Ferner sind Meilensteine als jeweils zahlungsauslösende Ereignisse inhaltlich zu definieren. Es ist darauf zu achten, dass die jeweils zugeordneten Inhalte und Parameter eindeutig bestimmbar und messbar sind. Die Projektsteuerung wirkt auf eine vertragliche Umsetzung hin.

Im Rahmen der projektspezifischen Kostenverfolgung werden Zahlungsabflüsse und Leistungen zugeordnet und Auftragssummen als Vorausschau berücksichtigt. Dem Auftraggeber ist durch die Projektsteuerung Bericht zu erstatten, falls Vorausschau oder angefallene Kosten (Zahlungsabfluss) eine Budgetüberschreitung signalisieren oder begründen. Die Projektsteuerung hat bei Budgetüberschreitungen Empfehlungen zur Kosteneinsparung bei den Projektbeteiligten einzuholen und dem Auftraggeber zu unterbreiten.

Im Hinblick auf Bürgschaften, die von ausführenden Unternehmen (oder selten von Planern) zu überlassen sind, schlägt die Projektsteuerung Prüfungsabläufe vor, die die jeweils Projektbeteiligten zu berücksichtigen haben. Ziel ist eine sachlich und rechtlich abgesicherte Handhabung der Bürgschaften, insbesondere die Vermeidung von vorzeitigen Herausgaben der Bürgschaften.

Besondere Leistungen

3.1.3.4 Verwenden von auftraggeberseitig vorgegebenen IT-Programmen

Die Projektsteuerung muss die im Hinblick auf die Kostenverfolgung notwendig zu beachtende IT-Landschaft bei dem Auftraggeber berücksichtigen und diese im Rahmen der Kostenverfolgung geeignet einbinden. Dabei sind Vorgaben des Auftraggebers hinsichtlich der IT-Systemwahl und die zur Verfügung zu stellenden Informationen von der Projektsteuerung zu beachten. Umgekehrt vermittelt die Projektsteuerung für die IT-Programme geeignete Erfassungsparameter und Vorgaben, die das Auftraggeber-Controlling nutzen kann.

3.1.3.5 Mitwirken bei der Erstellung von Wirtschaftlichkeitsuntersuchungen

Die Wirtschaftlichkeitsuntersuchung überprüft Risiken des Projekts in kostenmäßiger Hinsicht und möglichen Alternativen. Die Projektsteuerung unterstützt den Auftraggeber, bei der Ermittlung der Voraussetzungen und der Ausarbeitung der Ergebnisse.

Wesentlich bei den Wirtschaftlichkeitsuntersuchungen ist die Festlegung des Betrachtungszeitraums (z. B. Anlagenlebenszyklus) und des Berechnungsverfahrens. In der Regel kommen dynamische Investitionsrechnungsverfahren zur Anwendung.

Die Wirtschaftlichkeitsuntersuchung berücksichtigt typischerweise das Projektziel unter Berücksichtigung von Zielmarkt und Zeitpunkt der Produktbereitstellung, Produkt-Mix und Kapazitäten, Verfügbarkeit von Materialien, Projektkosten und Fördermittel sowie sonstige Randbedingungen. Die Projektsteuerung unterstützt bei der Formulierung dieser Parameter und bei der Sammlung und Dokumentation der Vorgaben und Ergebnisse.

Soweit möglich initiiert die Projektsteuerung Risikoanalysen über vorgegebene Betrachtungszeiträume unter Berücksichtigung von Marktannahmen und Prozess/Betriebskosten. Ergebnisse hat die Projektsteuerung dem Auftraggeber zu überlassen.

3.1.4 Handlungsbereich D: Termine, Kapazitäten und Logistik

Grundleistungen

3.1.4.1 Klären und Erfassen der terminlichen und kapazitiven Rahmenbedingungen, z. B. hinsichtlich geplantem Produktionsbeginn, möglicher Störungen und Unterbrechungen des laufenden Betriebes und Genehmigungsprozesse etc.

Nach der DIN 69901 wird ein Projekt als Vorhaben definiert, das im Wesentlichen durch Einmaligkeit folgender Bedingungen in ihrer Gesamtheit gekennzeichnet ist:

- Zielvorgaben
- Zeitliche, finanzielle, personelle oder andere Begrenzungen
- Abgrenzung gegenüber anderen Vorhaben
- Projektspezifische Organisation

Neben den qualitativen und funktionalen Zielvorgaben sowie der Vorgabe von Budgetobergrenzen ist die Bestimmung zeitlicher Eckbedingungen für den Betrieb, die Wirtschaftlichkeit der Investition etc. bedeutsam.

Ohne bereits solche Eckdaten im Einzelnen verifizieren zu können, nimmt die Projektsteuerung vom Auftraggeber die wesentlichen, gewünschten Zieltermine entgegen. Auch andere, ausschlaggebende Einflussgrößen für den zeitlichen Verlauf des Projektes werden von der Projektsteuerung erhoben. Hierzu können z. B. die betrieblichen Randbedingungen, die erforderlichen Zertifizierungs- und Genehmigungsprozesse, Fragen der Einbindung in den vorhandenen Gebäudebestand, den Produktionsprozess und die infrastrukturelle Einbindung gehören.

Die grundsätzliche Verträglichkeit der erfassten Eckdaten untereinander wird von der Projektsteuerung hinsichtlich ihrer Plausibilität und Realisierbarkeit überprüft. Abschließend entsteht auf Grundlage der Erhebungen und Überprüfungen der Projektsteuerung ein

Basispapier in Listenform oder in Form eines Balkenplanes, welches die gewünschten und grob abgeglichenen Zieltermine wiedergibt.

3.1.4.2 Klären und Erfassen der geplanten Eigenleistungen des Auftraggebers

Im Anlagenbau ist der Auftraggeber häufig auch der Betreiber der Anlage. Handelt es sich hierbei nicht um eine komplette Neuanlage, so ist der Auftraggeber bereits seit längerem mit dem Betrieb der bestehenden Anlagenteile befasst und verfügt über entsprechendes Fachpersonal. Häufig behält sich der Auftraggeber daher im Rahmen des Gesamtprojektes die Erbringung bestimmter Eigenleistungen mit eigenem Fachpersonal oder mit ihm bekannten Auftragnehmern vor. So wird z. B. teilweise die Bauleistung (Fundamente, Hülle etc.) getrennt von der Herstellung und Montage der Anlage an einen gesonderten Auftragnehmer durch den Auftraggeber vergeben.

Umfang und Art der vom Auftraggeber mit eigenem Personal durchzuführenden Eigenleistungen sowie der Leistungen, die von gesonderten Auftragnehmern des Auftraggebers übernommen werden sollen, werden von der Projektsteuerung geklärt und dem oben genannten Grundsatzpapier hinzugefügt.

Die erforderliche Verfügbarkeit von Auftraggeber-Fachpersonal mit definierter Entscheidungsbefugnis ist von der Projektsteuerung ergänzend zu erfassen. Hierbei ist abzuklären, inwieweit das Auftraggeber-Personal mit Altanlagen-Know-How einzubinden ist.

3.1.4.3 Aufstellen und Abstimmen des generellen Terminrahmens für das Gesamtprojekt in Form eines Rahmenterminplanes sowie Herstellung von dazu erforderlichen Gremienvorlagen

Für übergeordnete Terminpläne, die sich regelmäßig auf das Gesamtprojekt beziehen, werden in der einschlägigen Fachliteratur u. a. bezeichnet mit:

- Rahmenterminplan
- Generalablaufplan
- Grobablaufplan
- Vertragsterminplan

Zusammenfassend soll hierfür der Begriff des Rahmenterminplanes bzw. der Rahmenterminplanung gelten. Der Rahmenterminplan stellt die erste bzw. oberste Ebene der Terminplanung dar. Er umfasst den gesamten zeitlichen Ablauf des Projektes bis hin zum Projektabschluss und ist aufgrund der sich erweiternden Kenntnisse über den gesamten Projektablauf regelmäßig zu aktualisieren.

Der Rahmenterminplan sollte in der Regel und natürlich abhängig von der Komplexität des Projektes einen Umfang von 100 Vorgängen nicht überschreiten. Er ist in die einzelnen Phasen des Projektes von der Planung über die Genehmigung, Lieferung, Montage und Inbetriebsetzung bis hin zur Übergabe/Übernahme zu untergliedern. Die Erkenntnisse aus den vorbeschriebenen Leistungen fließen in den Rahmenterminplan ein. Marktrecherchen und betriebsinterne Abstimmungen beim Auftraggeber dienen der grundsätzlichen Verifizierung der gewählten Ablauffolgen und Zeitansätze. Die Gliederung des Rahmenterminplans richtet sich nach der von der Projektsteuerung erarbeiteten Projektstruktur (siehe Handlungsbereich A).

Der Rahmenterminplan wird von der Projektsteuerung in einer übersichtlichen und für die notwendigen Abstimmungen mit den zuständigen Gremien des Auftraggebers geeigneten Form niedergelegt. Dies können Listen oder auch Balkenpläne sein. Der Rahmenterminplan wird von der Projektsteuerung mit Erläuterungen zu den von ihr benannten Randbedingungen und Annahmen hinterlegt und dem Auftraggeber anschließend zur Entscheidung vorgelegt.

3.1.4.4 Aufstellen eines Steuerterminplans für die Phase des Basic Engineering mit Herausarbeitung der notwendigen Ausschreibungs- und Vergabezeitpunkte für die Planungsleistungen

Die Verfeinerung und Vernetzung des Rahmenterminplans stellt die Steuerterminplanung dar. In der einschlägigen Fachliteratur werden hierfür u. a. folgende Begriffe verwendet:

* Steuerterminplan
* Detailterminplan
* Feinterminplan

Zusammenfassend soll hierfür der Begriff der Steuerterminplanung bzw. des Steuerterminplans verwendet werden. Der Steuerterminplan wächst in seinem Detaillierungsgrad mit Fortschritt des Projektes. Für die jeweils anstehende und auch die darauffolgende Projektphase weist er bereits einen hohen Detaillierungs- und Vernetzungsgrad auf, während er bei späteren Phasen aufgrund des aktuellen Projektkenntnisstandes der Projektsteuerung noch gröber strukturiert ist. Insgesamt richtet sich die Struktur des Steuerterminplans ebenfalls nach der, von der Projektsteuerung, erarbeiteten und jeweils fortgeführten Projektstruktur.

Die Schrittfolge zur Erarbeitung des Steuerterminplans durch die Projektsteuerung ist grundsätzlich wie folgt:

1. Arbeitspakete aus der Projektstruktur detaillieren
2. Abläufe festlegen und einen vernetzten Ablaufplan erstellen
3. Vorgangsdauern bemessen und dem Ablaufplan zur Herstellung der Steuerterminplanung hinzufügen
4. Optimierung der Steuerterminplanung in iterativen Form und laufender Anpassung an den jeweils aktuellen Kenntnisstand während des Projektverlaufs

In der Phase der Projektvorbereitung genügt es in der Regel, zunächst eine Steuerterminplanung für die darauffolgende Phase des Basic Engineering zu erarbeiten, um die mit dieser Phase zu befassenden Auftragnehmer und Stellen des Auftraggebers zu einem von der

Abfolge her sinnvollen und mit klaren zeitlichen Vorgaben versehenen Arbeitsablauf zu veranlassen.

Aus der Steuerterminplanung für die Phase des Basic Engineering ergeben sich entsprechende Zeitpunkte des Arbeitsbeginns durch die internen Stellen sowie die Vergabezeitpunkte bzgl. erforderlicher, externer Leistungen.

3.1.4.5 Klären und Erfassen logistischer Einflussgrößen unter Berücksichtigung relevanter Standortgegebenheiten und sonstiger Rahmenbedingungen

Der Logistik, insbesondere in der Bau- und Montagephase, kommt bei Anlagenprojekten eine große Bedeutung zu. Beengte Bau- und Montageverhältnisse, das Bauen und Montieren im Umfeld laufender Produktionsprozesse, die Lieferung von Montage- und Bauteilen vom internationalen Markt mit der hiermit einhergehenden Vorprüfung und anschließenden Verschiffung solcher Teile etc. erfordern eine präzise Vorplanung.

Die Projektsteuerung klärt solche logistischen Einflussgrößen bereits in der Projektvorbereitungsphase in grundsätzlicher Manier und schätzt hierbei die Auswirkungen solcher Einflussgrößen auf den Projektverlauf und die Projektdauer ab.

Darüber hinaus sind im Rahmen der Klärung der logistischen Einflussgrößen Möglichkeiten für die eigentliche Baustellenlogistik im Hinblick auf Lagerflächen, Baustelleneinrichtungen, Transportwege etc. festzustellen. Gegebenenfalls sind erste Abstimmungsgespräche mit Stellen des Auftraggebers und Genehmigungsbehörden zu führen. Die Erkenntnisse fließen in die Rahmenterminplanung und in die spätere Steuerterminplanung der nachfolgenden Phasen ein. Die Projektsteuerung dokumentiert regelmäßig den aktuellen Stand und sorgt für erforderliche Informationsweitergabe z. B. im Rahmen des von ihr geführten Berichtswesens.

Besondere Leistungen

3.1.4.6 Klären und Erfassen von bereits geplanten Stillstandszeiten für den laufenden Betrieb

Verfügt der Auftraggeber am geplanten Projektstandort bereits über einen laufenden Produktionsbetrieb, so ist das Projekt in diesem Umfeld unter möglichst weitgehender Vermeidung von Störungen des laufenden Betriebes zu realisieren. Dies kann z. B. der Fall sein für:

• Die Teil- oder Kompletterneuerung einer bestehenden Anlage
• Die Integration einer neuen und bisher nicht vorhandenen Anlage in den laufenden Betrieb

In solch einem Fall ist von der Projektsteuerung in Zusammenarbeit und Abstimmung mit den Stellen des Auftraggebers zu erheben, in wie weit und in welcher Form der laufende Betrieb eingeschränkt bzw. komplett unterbrochen werden kann. Die terminlichen und logistischen Rahmenbedingungen sind festzustellen und gegebenenfalls durch die Projektsteuerung in Abstimmung mit den beteiligten Stellen zu hinterfragen und zu klären.

Die Erkenntnisse sind zu dokumentieren und fließen in die aktuelle und fortlaufende Rahmen- und Steuerterminplanung ein.

3.1.4.7 Grundsätzliches Bewerten terminlicher Auswirkungen von alternativen Vergabearten, wie Einzel- oder Generalvergabe

Insbesondere im Hinblick auf die Bau- und Montagephase ist frühzeitig über die geplante Vergabeart zu befinden. Je mehr das Gesamtprojekt durch Einzelvergaben mit vielen Schnittstellen gekennzeichnet ist, desto intensiver ist eine rechtzeitige und feingliedrigere Steuerterminplanung unter Berücksichtigung aller entstehenden Schnittstellen durch den Auftraggeber und seine Projektsteuerung wahrzunehmen.

Einzelvergaben bergen in sich häufig den Vorteil für den Auftraggeber, dass eine hinreichend lange Engineering-Phase mit schrittweisen Vergaben der einzelnen Liefer-, Bau- und Montageleistungen vorgesehen werden kann. Nachteil sind die vielen entstehenden Schnittstellen. Von wesentlichem zeitlichem Einfluss kann auch die Art der vorgesehenen Ausschreibung und des damit zusammenhängenden Lastenheftes sein. Ein Lastenheft, aufgestellt nach rein funktionalen Gesichtspunkten für eine mögliche Generalvergabe, hat für seine Herstellung einen deutlich geringeren zeitlichen Bedarf als ein detailliertes Engineering im Falle möglicher Einzelvergaben.

Die vom Auftraggeber in Erwägung gezogenen Alternativen der Vergabeart werden von der Projektsteuerung in diesem Zusammenhang erhoben und mit dem Auftraggeber abgestimmt. Die Varianten der Vergabearten werden anschließend von der Projektsteuerung in Rahmenterminplänen bewertet, dargestellt und dem Auftraggeber zur Entscheidung vorgelegt.

3.1.4.8 Präsentieren des generellen Terminrahmens in Gremiensitzungen

Üblicherweise stellt die Projektsteuerung die von ihr angefertigte Rahmenterminplanung nach hinreichender Abstimmung und Fertigstellung einmalig einem vom Auftraggeber zu benennenden Gremium vor, um die darauf basierende Grundsatzentscheidung herbeizuführen.

Verlangt der Auftraggeber weitere Präsentationen in anderen oder sich wiederholenden Gremiensitzungen, so sind diese ebenfalls von der Projektsteuerung vorzubereiten, zu koordinieren und zu dokumentieren.

3.1.4.9 Klären und Erfassen logistischer Einflussgrößen im Ausland unter Berücksichtigung relevanter Standortgegebenheiten und sonstiger Rahmenbedingungen

Soll ein Anlagenprojekt im Ausland realisiert werden, so sind hierfür häufig besondere und weitere logistische Einflussgrößen zu berücksichtigen. Die Projektsteuerung klärt solche Einflussgrößen, die sich z. B. beziehen können auf:

- Die infrastrukturelle Situation des Projektstandortes
- Die Erreichbarkeit des Projektstandortes

- Vorgaben des jeweiligen Landes im Hinblick auf Einfuhr von Bauteilen
- Die gegebenenfalls erforderliche Nutzung besonderer Ferntransportmittel (Bahn, Flugzeug, Schiff)
- Eventuelle Mitwirkungshandlungen zu beteiligender Stellen im Ausland

Die Bedingungen werden von der Projektsteuerung geklärt und in einer gesonderten Dokumentation erfasst. Sie fließen in die Rahmen- und spätere Steuerterminplanung ein.

3.1.4.10   Klären und Erfassen landespezifischer Einflussgrößen im Ausland

Über die logistischen Einflussgrößen im Ausland hinaus können weitere landesspezifische Einflussgrößen von Bedeutung für die anstehende Terminplanung und Terminverfolgung sein, z. B.:

- Witterungsbedingungen
- Bedingungen des lokalen Arbeitsmarktes
- Geografische/geologische Bedingungen
- Bedingungen rechtlicher, behördlicher Vorgaben und Verfahren
- Ökologische Bedingungen

Die Projektsteuerung klärt solche besonderen Bedingungen des Auslandsstandortes und erfasst diese in einer besonderen Dokumentation. Oftmals werden diese Aufgaben zur Klärung der besonderen Bedingungen im Ausland in enger Zusammenarbeit mit den Stellen des Auftraggebers durchgeführt, insbesondere wenn dieser bereits Kenntnisse aus der eigenen Praxis in diesem Land hat. Weitere Erhebungen können bei öffentlichen, halböffentlichen oder privaten Organisationen durch die Projektsteuerung erledigt werden.

3.1.5   Handlungsbereich E: Verträge und Versicherungen

Grundleistungen

3.1.5.1   Organisieren der Erstellung einer Vergabe- und Vertragsstruktur für das Gesamtprojekt

Im Rahmen der Projektvorbereitung ist die Festlegung der Vergabe- und Projektstruktur von wesentlicher Bedeutung. Die Projektsteuerung muss klären und zu der Frage beraten, mit welchen Vergabe- und Vertragsformen das Projekt abgewickelt werden soll. Dabei stehen nicht nur die klassischen Unternehmereinsatzformen wie Generalunternehmer, Teilgeneralunternehmer oder die gewerkeweise Vergabe in Rede, die Projektsteuerung muss den Auftraggeber weiter darauf hinweisen, dass ggf. modifizierte Modelle wie GMP-Verträge oder Construction-Management-Verträge zur Auswahl stehen, um die Vergabe- und Vertragsstruktur für das Projekt zu organisieren.

Die Projektsteuerung hat dazu die wesentlichen Vor-und Nachteile aufbereiten zu lassen und dem Auftraggeber die Möglichkeit der Entscheidung zu geben. Dies hat – soweit einschlägig – unter Berücksichtigung zwingender Erfordernisse des formalen Vergaberechts zu geschehen, an welches beispielsweise öffentliche Auftraggeber oder Sektorenauftraggeber gebunden sind; aber auch die private Hand bei Ausschreibungen, wenn öffentliche Gelder in Form von Beihilfen gezahlt werden.

In der gesamten Vergabe- und Vertragsstruktur müssen alle rechtlich notwendigen Entscheidungen ermittelt, initiiert und dokumentiert werden. Dabei hat die Projektsteuerung im Hinblick auf die rechtliche Vergabe- und Vertragsstruktur insbesondere entsprechend Juristen, in Absprache mit dem Auftraggeber, einschalten zu lassen.

3.1.5.2 Vorbereiten und Abstimmen der Inhalte der Verträge für Engineering und Ausführung

Die Projektsteuerung hat in einer möglichst frühen Phase die Vertragsgrundlagen, die Vertragsbestandteile und die Vertragsbedingungen im Hinblick auf die Engineering-Verträge und die Verträge der ausführenden Unternehmen zusammenstellen zu lassen. Bei der Vorbereitung und Abstimmung ist die Erstellung von geeigneten Vertragsbedingungen durch Juristen zu veranlassen.

Darüber hinaus müssen die Leistungsbeschreibungen und weitere typische Vertragsanlagen durch die jeweils fachlich Verantwortlichen vorbereitet und erfasst werden.

Es ist Aufgabe der Projektsteuerung, das Vorhandensein der Verträge und Anlagen festzustellen und ihre Schlüssigkeit durch die jeweiligen fachlichen Projektbeteiligten überprüfen zu lassen. Insbesondere muss ein Abgleich der Inhalte korrespondierend zu den jeweiligen Projektzielen und Rahmenbedingungen erfolgen.

3.1.5.3 Mitwirken bei der Entscheidung der Form der Ausschreibung

Während der Projektvorbereitung muss der Auftraggeber entscheiden, in welcher Form die Leistungsbeschreibung erfolgen soll. Dies kann funktional, teilfunktional oder auch detailliert geschehen. Mit der Entscheidung gehen Verschiebungen von Planungsrisiken einher. Bei der funktionalen Leistungsbeschreibung trägt das Planungsrisiko der Auftragnehmer, er muss das entsprechende Engineering-Know-How einbringen, um die auftraggeberseitig vorgegebenen Ziele zu erreichen. Beim Gegenpol, der detaillierten Leistungsbeschreibung, plant der Auftraggeber und gibt Details der Ausführung vor. Es gibt teilfunktionale Beschreibungen, die in einigen Leistungsbereichen genaue Vorgaben machen, in anderen wiederum lediglich eine funktionale Beschreibung vorgeben.

Die Projektsteuerung muss im Rahmen der Entscheidungsvorbereitung die jeweilige Engineering-Kompetenz beim Auftraggeber feststellen und zu der Frage beraten, wie viel zusätzliche Engineering-Kompetenz beschafft werden muss, um die bestehenden Planungsrisiken des Projekts zu bewältigen. Danach kann gewählt werden, ob tendenziell eine detaillierte Leistungsbeschreibung vorgegeben wird oder ob versucht wird, die Planungsrisiken auf den Auftragnehmer zu verschieben.

3.1.5.4 Klären des Rahmenterminplans im Hinblick auf Verträge für Engineering und Ausführung

Aufgrund der in der Regel hohen Komplexität der Verträge und ihrer Leistungsbeschreibungen im Anlagenbau ist es erforderlich, die Zeiträume für die Vorbereitung der Vergabe, die eventuellen Vorgaben des formalen Vergaberechts, die Vertragsverhandlungen und den Vertragsabschluss, der oft noch von Gremien-Entscheidungen abhängen kann, angemessen zu planen. Die rechtliche Gestaltung braucht Zeit, die Projektsteuerung muss diese angemessen einräumen.

Eine Klärung im Hinblick auf den Rahmenterminplan ist von Bedeutung für den Gesamterfolg des Projekts, da sich erfahrungsgemäß Vertragsverhandlungen von Engineering- und Ausführungsverträgen kaum beschleunigen lassen. Auch die Vorgabe von Formularverträgen durch den Auftraggeber und ein dadurch gezieltes Kürzen der Vertragsverhandlungsphase stößt an rechtliche Grenzen: wenn der Auftraggeber Verträge vorgibt, so sind diese bei mehrfacher Verwendung schnell Allgemeine Geschäftsbedingungen (AGB), was im Hinblick auf die Wirksamkeit einzelner Regelungen Risiken bergen kann. Bei einem Verstoß gegen die Vorgaben des Gesetzes und/oder der Rechtsprechung sind einzelne Klauseln unwirksam und können keine Wirkung entfalten. Ziel der Klärung soll es sein, der Vorbereitung und dem Vertragsschluss der Engineering- und Ausführungsverträge so viel Zeit einzuräumen, dass diese in einer dem Projekt angemessenen Weise erstellt und verhandelt werden können. „Politische Terminpläne", solche also, die nicht sachlich gerechtfertigt sind, üben einen unnötigen Druck auf diese empfindliche Projektphase aus. Die Projektsteuerung hat dies im Rahmen ihrer Klärungsaufgaben mit zu berücksichtigen.

3.1.5.5 Mitwirken bei der Klärung des Versicherungskonzeptes

Jedes Projekt benötigt ein geeignetes Versicherungskonzeptes, um möglichst viele insbesondere nicht steuerbare Risiken abzusichern. Die Projektsteuerung muss darauf hinwirken, dass das Versicherungskonzept nach Möglichkeit mit einem entsprechenden Versicherungsfachmann abgeklärt wird.

Inhalt des Versicherungskonzepts ist eine Erfassung der Risiken vor dem Hintergrund der vertraglich angedachten Lösung und eine Prüfung und Klärung, wer diese Risiken idealerweise versichert. So wird im Großanlagenbau oder Kraftwerksbau typischerweise eine CAR- oder EAR-Versicherung abgeschlossen, die sicherstellt, dass sich realisierende Risiken während der Projektphase nicht zu Streitigkeiten zwischen den jeweiligen Projektbeteiligten und deren Versicherungen führen, sondern geeignete Versicherungskonzepte zu Lösungen.

Die Projektsteuerung hat die Pflicht, ein Versicherungskonzept in geeignete vertragliche Regelungen umsetzen zu lassen. Eine weitere Aufgabe besteht darin, zwischen Versicherungsexperten und den eingeschalteten Juristen zu moderieren.

Im Rahmen des Versicherungskonzeptes hat die Projektsteuerung eine für die Abwicklung möglicher Versicherungsfälle geeignete Organisation und passende Zuständigkeiten der Projektbeteiligten vorzuschlagen.

Besondere Leistungen

3.1.5.6 Erfassen notwendiger Schnittstellenregelungen bei gewerkeweiser Vergabe

Besondere Anforderungen stellt eine gewerkeweise Vergabe und Abwicklung eines Projekts dar. Ist im Rahmen der Vergabe- und Vertragsstruktur entschieden worden, dass gewerke- oder losweise vergeben wird, hat die Projektsteuerung die sich dadurch ergebenden Notwendigkeiten im Hinblick auf die Schnittstellenregelungen und -bildungen zu erfassen und die geeigneten Lösungen auf allen Ebenen des Projekts zu initiieren.

Zu dieser Aufgabe gehört es zum einen, die notwendigen Schnittstellenregelungen in technischer Hinsicht erfassen zu lassen und entsprechende technische Lösungen wie beispielsweise Schnittstellenlisten oder abgegrenzte Leistungsverzeichnisse erstellen und vertraglich vereinbaren zu lassen. Im Hinblick auf die rechtlichen Schnittstellenregelungen hat die Projektsteuerung Entsprechendes für die Vertragsgestaltungen zu initiieren und die notwendigen Regelungen gemeinsam mit den entsprechenden projektbeteiligten Juristen festzustellen und von diesen umsetzen zu lassen.

3.1.5.7 Abstimmen von besonderen rechtlichen Vorgaben aus Auslandsbau

Anlagenbau ist für Auftragnehmer (häufig) Auslandsgeschäft. Das bedeutet, dass die Errichtung der Anlage im Ausland erfolgt und sich dann zumindest auch nach ausländischen Rechtsregeln richtet. Betroffen sind zum einen die typischen vertraglichen Rechtsregeln, andererseits natürlich auch die zwingenden Vorschriften beispielsweise im Hinblick auf Anlagensicherheit, Arbeitsschutz oder Umweltschutz. Aufgrund der Fülle dieser Vorschriften ist eine permanente Information der Beteiligten über die einschlägigen Regelungen kaum möglich. Deshalb sind entsprechende Sammlungen anlass- und standortbezogen durchzuführen, ggf. sind einschlägige Verbände oder andere Informationsträger zu konsultieren. Die Projektsteuerung muss geeignete Informationen über diese Rechtsregeln zusammentragen lassen und die Beachtung dieser Regeln bei den jeweils zuständigen Projektverantwortlichen initiieren.

3.1.5.8 Abstimmen von besonderen rechtlichen Vorgaben aus Bauen im Bestand

Greenfield-Projekte sind auch im Anlagenbau nicht die Mehrzahl, sodass mit dem Bauen im Bestand, also beispielsweise in bereits bestehenden Anlagen, auch die Anforderungen an die Projektsteuerung wachsen. Zu den Aufgaben der Projektsteuerung bei Bauen im Bestand gehört insbesondere die Veranlassung einer Bestandsaufnahme, vor allem der technischen Schnittstellen, aber auch der bereits bestehenden Verträge, jeweils durch die zuständigen Projektverantwortlichen. Im Hinblick auf Bauen im Bestand ist es Aufgabe der Projektsteuerung, die geeigneten technischen und rechtlichen Sonderregeln sammeln zu lassen und organisatorisch dafür Sorge zu tragen, dass diese von den jeweiligen Projektverantwortlichen bzw. Instanzen beachtet werden. Die Informationen sind den beteiligten Juristen zur Umsetzung zu übermitteln.

3.2   Projektstufe 2: Basic Engineering

3.2.1   Handlungsbereich A: Organisation, Information, Integration und Genehmigungen

Grundleistungen

3.2.1.1 Überprüfen der Wirksamkeit der Projektorganisation anhand der Zielvorgaben

Die in der Projektvorbereitungsphase entwickelten Organisationsvorgaben und Leistungselemente sind in ihrem Zusammenwirken auf die Zielsetzung zu bewerten. Hierbei sind bedarfsweise Modifikationen zu veranlassen und deren Umsetzung zu koordinieren, um die Gesamtheit der Projektsteuerungsaufgaben sicherzustellen. Die Projektvorgaben sind abzugleichen und auf Konformität mit den entwickelten Projektzielen zu überprüfen. Das Ergebnis ist dem Auftraggeber zu kommunizieren.

3.2.1.2 Umsetzen der Organisationsregeln und der Projektstrukturplanung

Die in der vorangegangenen Projektvorbereitungsphase entwickelten und abgestimmten Organisationsregeln sind auf Ihre konsequente Umsetzung zu überprüfen, dabei sind mögliche Vereinfachungen in Abstimmung mit dem Auftraggeber und den Projektbeteiligten durchzuführen. Kommenden Anpassungen der Ablauf- und Aufbauorganisation im Hinblick auf sich verändernde Anforderungen der Leistungserbringer, Behörden und ausführende Unternehmen sind durch die Projektsteuerung zu berücksichtigen.

3.2.1.3 Koordinieren des Entscheidungs- und Änderungsmanagements

Die Projektsteuerung berücksichtigt bei der Koordination die in der Phase Projektvorbereitung abgestimmten Grundlagen.

Entscheidungsmanagement
Im Projektverlauf obliegt es der Projektsteuerung Entscheidungsbedarf zu erkennen und die Vorgänge zur Entscheidungsvorbereitung zu veranlassen. Unter Berücksichtigung der Aufbauorganisation des Projektes und der Entscheidungsbefugnisse sind folgende Schwerpunkte aktiv zu koordinieren:

- Gegenstand der Entscheidung und einzubindende Projektmitglieder bei der Vorbereitung der Entscheidung
- Hauptverantwortlicher der Entscheidung und einzubindende Projektmitglieder bei Auswirkung auf deren Handlungsbereich
- Zeitliche Priorität der Entscheidung und spätester möglicher Entscheidungszeitraum
- Darstellung der Alternativen und der jeweiligen Konsequenzen in Bezug auf den Projektverlauf

Besondere Berücksichtigung soll die Betrachtung der Entscheidungsträger mit den Entscheidungskriterien und deren Verhältnis zueinander finden. Ebenfalls sind Abhängigkeiten von zu treffenden Entscheidungen zueinander und Wechselwirkungen zwischen den Alternativen zu berücksichtigen.

Änderungsmanagement

Die Projektsteuerung koordiniert das Änderungsmanagement durch Betreuung des implementierten Prozesses. Dabei werden folgende Schwerpunkte ablaufgerecht gesteuert:

- Überprüfung des jeweiligen Änderungsvorschlages mit dem Einreicher und dem Engineering Partner
- Vorstellen und Erläutern der Arbeitsergebnisse gegenüber dem Auftraggeber
- Herbeiführen der Entscheidung zur Annahme, Ablehnung oder zur weiteren Untersuchung des Änderungsvorschlages
- Genauere Betrachtung des Änderungsvorschlages unter Beachtung aller Rahmenbedingungen, Konsequenzen und Eignungen
- Beachtung des Verwaltungsaufwandes für den Änderungsvorschlag unter Berücksichtigung von Sonderfachleuten, Gutachten usw.
- Koordination aller von der eventuellen Änderung betroffenen Bereiche zur Erstellung einer umfänglichen Bewertung des Änderungsvorschlages und zur Erstellung des Bewertungsdokumentes
- Herbeiführen der Endabstimmung durch den Auftraggeber auf Basis des Bewertungsdokuments

3.2.1.4 Koordinieren der Genehmigungs- sowie etwaiger Zertifizierungs- und Lizensierungsverfahren

Die Projektsteuerung führt die Genehmigungs- und Zertifizierungserfordernisse koordinierend zusammen und plant und steuert erforderliche Anträge, einzureichende Unterlagen und einzuholende Gutachten auf Basis der in der Phase „Projektvorbereitung" erarbeiteten Grundlagen. Die Projektsteuerung muss diese Fragen zur Beantwortung an die jeweils fachlich Verantwortlichen weiterleiten und die entsprechenden Beiträge zur Abstimmung mit dem Auftraggeber zusammenstellen.

3.2.1.5 Analysieren, Bewerten und Steuern der Engineering-Prozesse

Die in der Projektvorbereitungsphase entwickelten und abgestimmten Engineering Prozesse sind vom Projektmanager in Zusammenwirken mit den Verantwortlichen der Engineering Disziplinen (Prozess, Elektrotechnik, EMSR, Bautechnik, Equipment) weiterzuentwickeln. Die Projektsteuerung muss kontinuierlich die ablaufenden Engineering Prozesse mit den terminlichen Vorgaben abgleichen und bei Bedarf steuernd eingreifen. Hierzu ist es nötig in kurzen Zeitintervallen den Stand der Arbeiten zu überwachen und Erkenntnisse aus der Engineering Phase unmittelbar den Projektbeteiligten nutzbar zu machen.

Die in der Projektvorbereitungsphase implementierte Leistungsmessung durch das Reporting-System ist durch persönliche Teilnahme der Projektsteuerung an Besprechungen angemessen zu ergänzen.

Zusätzlich hat die Projektsteuerung sich in Projektbesprechungen über den Stand des Engineering Prozesses zu informieren. Der Planungsstand ist mit dem Plansoll anhand des Steuerterminplanes abzugleichen, Ursachen für Abweichungen sind aufzuklären und Abweichungen sind in Abstimmung mit dem Auftraggeber auf Ihre Konsequenzen zu bewerten. Des Weiteren sind nötige Steuerungsmaßnahmen in Abstimmung mit dem Auftraggeber und dem Projektmanager abzustimmen und umzusetzen.

Die Projektsteuerung hat hinsichtlich des Engineering Prozesses das Zusammenwirken des Entscheidungsmanagements, des Änderungsmanagements sowie des Berichtswesens zu bewerten und die Nutzung der Projektsteuerungsinstrumente einzufordern. Des Weiteren wird auf den Handlungsbereich B „Qualitäten und Quantitäten" verwiesen und auf die ablaufbedingte nötige Synchronisierung aller Leistungserbringer. Dazu hat die Projektsteuerung in ihrer Funktion darauf zu achten, dass die Koordination der Planungsbeteiligten untereinander in erforderlichem Umfang entsteht. Ferner muss eine dokumentierte Schnittstellendokumentation zwischen den fachlich Beteiligten unter der Federführung des Projektmanagers erfasst werden (hinfällig wenn das Basic von einem GU (GP) erbracht wird).

Die reine Feststellung nach Fertigstellung der jeweiligen Planungsphasen reicht diesbezüglich nicht aus.

3.2.1.6 Erarbeiten eines Inbetriebnahmekonzeptes

Die Projektsteuerung wertet die Inbetriebnahmeinformationen im Hinblick auf die Inbetriebnahme aus und lässt ein Konzept zur Inbetriebnahme in Abstimmung mit dem Auftraggeber ausarbeiten. Dazu sind seitens des Konzeptaufstellers alle erkennbaren Einflüsse aus der durchzuführenden Inbetriebnahme abzuleiten und zu berücksichtigen. Folgende Konstellationen bedürfen einer rechtzeitigen Klärung durch den Konzeptaufsteller:

- Wer wird die Inbetriebnahme der Anlage und der angrenzenden technischen Einheiten durchführen?
- Wird ein Anfahrteam zur Inbetriebnahme eingesetzt und unter wessen Regie arbeitet es?
- Wird das Inbetriebnahmemanagement zum Zeitpunkt der Ausführung gestartet oder ist schon in einer früheren Phase der Start vorgesehen?
- Bis zu welchem Gate ist die Unterstützung der Projektsteuerung zum Betreiber/Inbetriebnehmer gewünscht?
- Wer ist der Verfahrensgeber und in wie weit sind die Rechte und Verantwortlichkeiten im Hinblick auf die zu liefernden Spezifikationen und Leistungsparameter geklärt?
- Werden die zeitlichen Anforderungen der Inbetriebnahmeprozedur bei den Projektvorbereitungen, Kommunikation der Zeiten, Kosten und Qualitätsanforderungen an die Verantwortlichen der Handlungsbereiche ausreichend berücksichtigt?

Anschließend analysiert und bewertet die Projektsteuerung das Inbetriebnahmekonzept und legt es dem Auftraggeber zur Abstimmung vor.

3.2.1.7 Überwachen der Umsetzung der Projektdokumentation

Die Projektsteuerung überwacht stichprobenhaft die Umsetzung aller festgelegten Vorgaben zur Projektdokumentation. Hierzu sind die erzeugten Engineering-Dokumente der Projektbeteiligten auf inhaltliche und redaktionelle Fehler zu überprüfen und gegebenenfalls Korrekturen einzufordern.

3.2.1.8 Mitwirken beim Risikomanagement

Die Projektsteuerung verantwortet die Initiierung der Anpassung des Risikomanagementplanes an die geänderten Rahmenbedingungen der Projektphase Basic-Engineering.

Von der Projektsteuerung sind die Ergebnisse des überarbeiteten Risikomanagementplanes und daraus neu gewonnene Risikowahrscheinlichkeiten in den Handlungsbereichen B-D zu betrachten.

3.2.1.9 Mitwirken beim HSE-Management (Health, Safety, Environment)

Die Projektsteuerung sorg für das frühzeitige Einbinden der mit den HSE-Themen vertrauten Stellen (Behörde, Umweltschutz), veranlasst die erforderlichen Sicherheitsbetrachtungen sowie das Erstellen der Sicherheitsberichte und unterstützt bei der Auditierung der Leistungserbringer zu Themen des HSE-Managements.

Besondere Leistungen

3.2.1.10   Implementieren des Stakeholdermanagements

Die Projektsteuerung plant auf Basis der Stakeholderliste das Management der Stakeholder über den gesamten Projektzeitraum. Dazu erarbeitet die Projektsteuerung einen Projektmanagementplan auf Basis folgender Informationsquellen:

- Stakeholderliste
- Erfahrungen der Organisation
- Lieferanten
- Projektsponsoren
- Genehmigungsbehörden

Auf Basis der gesammelten Informationen und anhand des Fachurteils, Besprechungen, analytischen Methoden und des Engagements der Stakeholder legt die fest, ob der Stakeholder:

- Informiert gehalten werden soll
- Überwacht werden soll
- Zufrieden gestellt werden soll
- Aufmerksam gemanagt werden soll

Die Vorgehensweise ist mit dem Auftraggeber abzustimmen und gemeinsam mit dem Auftraggeber legt die Projektsteuerung fest, in welchem Maß und durch wen das Management zu einzelnen Stakeholdern betrieben wird.

3.2.1.11   Mitwirken bei der Umsetzung der Anforderungen aus Bauen im Bestand

Die Projektsteuerung wirkt bei der Umsetzung der aus der Phase „Projektvorbereitung" gewonnenen Erkenntnisse mit und stimmt die Anforderungen mit dem Auftraggeber ab. Darüber hinaus wird die Koordination des Engineering-Interfaces und des Entscheidungs- und Änderungsmanagements überprüft, um gezielt auf Abweichungen reagieren zu können. Die Vorgaben des HSE-Managements sind auf die Kompatibilität im Bestandbereich konzeptionell zu betrachten.

3.2.1.12   Projekte im Ausland

Siehe Abschn. 3.1.1.12

3.2.1.13   Betreiben und Anpassen des Projekt-Kommunikations-Management-Systems (Projektraum)

Die Projektsteuerung betreibt auf Basis von gemeinsamen Festlegungen mit dem Auftraggeber ein „Projekt-Kommunikations-Management-Systems".

3.2.1.14   Entwickeln und Implementieren der operativen Projektsteuerungsstruktur mehrerer zusammenhängender Projekte

Die Projektsteuerung entwickelt auf Basis der Handlungsbereiche A-E ein Steuerungsinstrumentarium für die zusammenhängenden Projekte um diese mit gemeinsamen Projektsteuerungsmethoden abbilden zu können. Die Arbeitsergebnisse sind abzustimmen und gemeinsam mit dem Auftraggeber umzusetzen.

3.2.2   Handlungsbereich B: Qualitäten und Quantitäten

Grundleistungen

3.2.2.1 Abstimmen des Umfangs, der Qualitätsanforderungen und des Detailierungsgrades des Basic Engineerings sowie der zu erarbeitenden Dokumente

Die Projektsteuerung stellt je nach Anlagentyp den Umfang der zu erarbeitenden Unterlagen unter den gegebenen Randbedingungen und unter Einbeziehung des Auftraggebers zusammen. Dabei werden der Umfang, die Qualitätsanforderungen und der daraus resultierenden Detailierungsgrad des Basic Engineerings für das jeweilige Projekt abgestimmt. Der Detailierungsgrad wird aus den vertraglich definierten bzw. geltenden Normen,

Richtlinien und den bereits vorhandenen Unterlagen des Projekts bestimmt. Die zu erstellenden Dokumente werden nach Umfang und Detailierungsgrad in einer Liste aufgeführt und mit dem Auftraggeber abgestimmt.

3.2.2.2 Koordinieren der Erstellung des Basic Engineerings mit allen Beteiligten und Einholen notwendiger Auftraggeberentscheidungen

Die zu erstellenden Dokumente werden den jeweiligen Projektbeteiligten zugewiesen. Es wird ein Konzept für die Erstellung erarbeitet, in dem die notwendigen Engineering Review Meilensteine definiert werden. Diese Meilensteine werden in den späteren Terminplan (siehe Handlungsbereich D Termine/Kapazitäten/Logistik) überführt. Die Projektsteuerung stellt sicher, dass alle Projektbeteiligten ein einvernehmliches Verständnis für die Bearbeitung, das Konzept sowie den notwendigen Verantwortungsbereich ihrer Planung für das Basic Engineering haben. Etwaige Unklarheiten zwischen den Projektbeteiligten werden unter Einbeziehung des Auftraggebers geklärt, um ein einvernehmliches Verständnis des genauen Detailierungsrad der zu erstellenden Dokumente zu erreichen.

3.2.2.3 Analysieren und Bewerten der Leistungen der Planungsbeteiligten

Sofern die Planungsleistungen nicht auftraggeberseitig erstellt werden, unterstützt die Projektsteuerung den Auftraggeber dabei, diese im Vorfeld extern zu vergeben. Die Projektsteuerung stellt sicher, dass die zukünftige ausführende Firma ihr Angebot auf den vorher erarbeitenden Planungsvorgabenleistungen des Auftraggebers erstellen und aufbauen kann. Die Projektsteuerung überprüft diese stichpunktartig und spricht dem Auftraggeber eine Empfehlung in Bezug auf die Qualitäten und Quantitäten aus.

3.2.2.4 Steuern der Planung im Rahmen der Methode BIM und der BIM Administration

Wenn das Projekt mit der BIM Methode durchzuführen ist, definiert die Projektsteuerung unter Berücksichtigung der Rahmenbedingungen aus der Projektvorbereitungsphase und den Vorgaben des Auftraggebers den Detailierungsgrad des zu erstellenden BIM Modells. Dabei werden der Umfang des jeweiligen Arbeitsaufkommens, die Rollen und die Zugriffsrechte der jeweiligen Projektbeteiligten auf das Modell definiert. Projektsteuerung erstellt einen Bericht als Entscheidungsgrundlage für den Auftraggeber, aus welchem hervorgeht, wie die Projektbeteiligten einbezogen werden.

Besondere Leistungen

3.2.2.5 Steuern und Prüfen der Planung hinsichtlich der Erfüllung eines vorgegebenen Nachhaltigkeitssystems

Die Projektsteuerung steuert die Planungsschritte, welche im Rahmen eines Nachhaltigkeitssystems notwendig sind. Hierzu gehören unter anderem die Vorgaben des Auftraggebers, welche Ziele erreicht werden sollen und wie diese in den Phasen vor, während und nach der Erstellung der Anlage erreicht werden. Hier fasst die Projektsteuerung im

Vorfeld mögliche Nachhaltigkeitssysteme zusammen und bewertet diese anhand von etwaigen Anforderungen des Auftraggebers. Im Anschluss werden die Planungsleistungen hinsichtlich des Erreichens der definierten Anforderungen an ein Nachhaltigkeitssystem überprüft.

3.2.2.6 Koordinieren von Anforderungen besonderer Zertifizierungsprozesse an das Basic Engineering

Die Projektsteuerung zeigt dem Auftraggeber auf, welche besonderen Schritte hinsichtlich des Zertifizierungsprozesses des Basic Engineering notwendig sind. Es wird ein Konzept mitentwickelt, welches die Aufgaben der Projektbeteiligten und möglicher Dritter, wie z. B. Behörden, aufzeigt. Darüber hinaus werden Empfehlungen ausgesprochen, wie die Zertifizierung zu erreichen ist und welche Schritte und Inhalte (z. B. Standsicherheitsnachweise, Brandschutznachweise, HSE usw.) in Bezug auf die Qualitäten und Quantitäten hierfür notwendig sind. Die Projektsteuerung stellt die Anforderungen der unterschiedlichen Anlagenbauprojekte zusammen, sowie die daraus unterschiedlichen Anforderungen der Branche (siehe auch 3.1.2.7).

3.2.2.7 Koordinieren und Erfassen von Quantitäten und Qualitäten zur Umsetzung einer Nachhaltigkeitsstrategie

Alle gegebenen Randbedingungen des Auftraggebers, welche die Qualität sowie die Quantität einer möglichen Nachhaltigkeitsstrategie beeinflussen, werden durch die Projektsteuerung aufgelistet, auf Anwendbarkeit geprüft und verdichtet. Es wird eine Strategie ausgearbeitet, wie Vorgaben unter den gegebenen Projektrandbedingungen zu erfüllen sind. Diese Arbeitsergebnisse werden im Anschluss durch die Projektsteuerung dem Auftraggeber zur Entscheidung vorgelegt (siehe auch 3.1.2.8).

3.2.2.8 Klären und Erfassen landesspezifischer Einflussgrößen, z. B. Normen, Zertifizierungen, HSE

Die Projektsteuerung erfasst die projektrelevanten ausländischen Standards bezüglich der Normung, Zertifizierung und HSE-Maßgaben und führt etwaige Abweichungen in einer Liste zusammen. Die Ergebnisse werden mit den deutschen Standards gegenübergestellt. Potentielle Unterschiede in den Quantitäten und Qualitäten werden in niedrigere und erhöhte Anforderungen kategorisiert und Abweichungen kenntlich gemacht. Diese Abweichungen werden mit dem Auftraggeber abgestimmt und bewertet. Aus diesen Erkenntnissen werden nachfolgende Schritte zur Erfüllung des Projektziels erarbeitet.

3.2.2.9 Steuern und Prüfen der Planung hinsichtlich der Erfüllung eines vorgegebenen Nachhaltigkeitssystems

Die Projektsteuerung wirkt bei der Umsetzung der Punkte aus Abschn. 3.2.2.5 mit. Eventuelle zusätzlich notwendige Maßgaben, sowie Anforderungen welche gefordert werden, sind aufzulisten und dem Auftraggeber vorzulegen. Mit Hilfe der Projektsteuerung kann somit der Auftraggeber die ausländischen Nachhaltigkeitsanforderungen in die Planung miteinbeziehen und im späteren Projektverlauf umsetzen.

3.2.3   Handlungsbereich C: Kosten und Finanzierung

Grundleistungen

3.2.3.1 Überprüfen der Kostenschätzung der Planer sowie Veranlassen etwaiger Gegensteuermaßnahmen

Unabhängig ob das Basic Engineering extern vergeben oder vom Auftraggeber selbst erarbeitet wird, überprüft die Projektsteuerung das vorgesehene Budget. Das geplante Budget wird im Rahmen des „Engineering to cost" oder „cost to Engineering" überprüft. Hierzu gehört unteranderem eine Plausibilisierung der Mengen- und Kostenschätzungen, welche je nach Detailierungsgrad unterschiedlich aufwendig sind. Die Projektsteuerung überprüft ebenfalls etwaige Kostenrisiken, die im Rahmen des Basic Engineering auftreten können und stellt diese in Rücksprache mit dem Auftraggeber zusammen, um ggf. notwendige Gegensteuermaßnahmen einzuleiten. Sofern Optimierungsanpassungen erforderlich sind, berät die Projektsteuerung in Bezug auf Kosten den Auftraggeber und stellt alternative Lösungsmöglichkeiten vor. Hier ist besonders darauf zu achten, dass im frühen Stadium des Projekts noch mit relativ geringen finanziellen Möglichkeiten Änderungen herbeizuführen sind. Um diese Leistungen durchführen zu können, bedient sich die Projektsteuerung etwaiger Planerabteilungen des Auftraggebers oder konsultiert mögliche externe Planer.

3.2.3.2 Projektübergreifende Kostensteuerung zur Einhaltung der Kostenziele

Die Kostensteuerung läuft über die gesamte Projektlaufzeit. Zu beachten ist, dass die Projektsteuerung gerade in den ersten Phasen des Projekts Einflüsse auf die spätere Kostenentwicklung setzen kann und hier den Auftraggeber beratend unterstützt. Dabei ist die Kostensteuerung das gezielte Eingreifen in die Entwicklung der Kosten, insbesondere bei Abweichungen, die durch Kostenkontrollen festgestellt worden sind.

Die Kostensteuerung bezieht sich u. a. auf den Vergleich der geplanten und realisierten Aufwände zum Stichtag mittels der POC-Methode, sowie Hochrechnungen/Prognosen und Einschätzungen der zu erwartenden Restleitungen im noch verbleibenden Zeitraum. Hieraus folgt, dass die Kostensteuerung durch die Projektsteuerung den Auftraggeber frühzeitig auf Abweichungen hinweist und dazu geeignete Lösungsvorschläge, welche zur Einhaltung der Kostenziele beitragen, tätigt.

Kostenabweichungen zwischen dem Kostenrahmen (Budget) und den Kostenermittlungen in den nachfolgenden Projektstufen, sind jeweils dem Grunde und der Höhe nach zu differenzieren, insbesondere nach Leistungsänderungen oder Zusatzleistungen, Indexentwicklungen sowie Schätzungsberichtigungen zu vorher getroffenen Annahmen oder Leistungsstörungen und damit plausibel zu machen. Kostenabweichungen nach oben sind, dabei durch Vorschlagen von geeigneten aktiven Steuerungsmaßnahmen, unverzüglich entgegenzuwirken.

3.2.3.3 Steuern des Mittelbedarfs und des Mittelabflusses

Die Projektsteuerung unterstützt den Auftraggeber bei der Planung des Mittelbedarfs und des Mittelabflusses. Aus diesen Vorarbeiten erstellt die Projektsteuerung geeignete Pläne, um die jeweiligen Zahlungen zu veranlassen. Ebenfalls erstellt die Projektsteuerung Zahlungspläne, in denen der Auftraggeber die jeweiligen Zuordnungen und Zahlungen (z. B. quartalsweise oder je nach Erreichung definierter Meilensteine) ablesen kann. Ziel dieses Plans ist es, durch ausreichende Liquidität, den weiteren Projektverlauf zu gewährleisten.

Der Zahlungsplan wird durch die Projektsteuerung grafisch anschaulich dargestellt (z. B. durch S-Kurven), um ein rasches Verständnis durch den Auftraggeber und eine einfache Handhabung auf Managementebene zu gewährleisten.

3.2.3.4 Überprüfen und Freigabevorschläge bezüglich der Rechnungen der Projektbeteiligten (außer ausführenden Unternehmen) zur Zahlung

Siehe Ziffer Abschn. 3.1.3.2

3.2.3.5 Fortschreiben der projektspezifischen Kostenverfolgung (kontinuierlich)

Siehe Ziffer Abschn. 3.1.3.3

Besondere Leistungen

3.2.3.6 Mitwirken bei der Erstellung weiterer Kostenschätzungen/ Kostenberechnungen

In dem Fall, dass der Auftraggeber eine weitere Kostenschätzung für bestimmte Planerleistungen einholen will, z. B. um eine Vergleichsbasis zu erhalten, erstellt die Projektsteuerung auf Basis der Projektrahmenbedingungen Kostenschätzungen. Der Aufwand für die Erstellung dieser Kostenschätzungen ist abhängig von der Gliederung und dem jeweiligen Detaillierungsgrad.

3.2.3.7 Mitwirken bei einem Value Engineering der geplanten Anlage

Die Projektsteuerung unterstützt den Auftraggeber in dem noch sehr frühen Projektstatus bei der Durchführung des Value Engineerings. Hierbei liegt der Fokus auf der Tatsache, dass am Anfang des Projekts der Grad der Kostenbeeinflussung ohne kostenträchtige Änderungen am höchsten ist. Das Ziel des Value Engineerings besteht darin, den gesamten Lebenszyklus (life-cycle-costs) der Anlage, unabhängig von diversen Einzelinteressen der Stakeholder, zu optimieren. Die Projektsteuerung analysiert und bewertet die Anlage nach:

• Wirtschaftlichkeit der Planung
• Vergabefähigkeit
• Nachhaltigkeit
• Energieverbrauch

- Baumaterial sowie eingebaute Anlagen
- Logistik
- Betreiberkonzept
- Emissionen und Immissionen

Auf Basis dieser Analyse berät die Projektsteuerung den Auftraggeber, um die bestmögliche Entscheidung zu treffen.

3.2.4   Handlungsbereich D: Termine, Kapazitäten und Logistik

Grundleistungen

3.2.4.1 Fortschreiben des Rahmenterminplans für das Gesamtprojekt unter regelmäßiger Einbeziehung der Erkenntnisse aus dem Basic Engineering

Das vor der Vergabe an einen Hauptauftragnehmer (ggf. Generalunternehmer) in Eigenregie vom Auftraggeber (i. d. R. mit Unterstützung von externen Planungsdienstleistern) durchzuführende Basic Engineering erklärt und beschreibt vertiefend in Form eines Lastenheftes (Liefer- und Leistungsumfänge) alle wesentlichen technischen Anforderungen an das Projekt mit den dazugehörigen Bedingungen (z. B. auch Inhalte und Umfänge von gewünschten Dokumentationen, Schulungen etc.). In aller Regel werden sich hierbei Erkenntnisse ergeben, die den Rahmenterminplan teilweise in Frage stellen, zumindest aber Anpassungen und Überarbeitungen notwendig machen. Der Rahmenterminplan ist von der Projektsteuerung laufend den erkannten, aktuellen Randbedingungen anzupassen und auf den jeweils neuesten Stand zu bringen.

3.2.4.2 Verfolgungen und Fortschreiben des Steuerterminplans für das Basic Engineering

Bereits in der Phase der Projektvorbereitung wurde ein Steuerterminplan für das Basic Engineering ausgearbeitet. Wesentliche Meilensteine aus diesem Steuerterminplan wurden mit den extern beauftragten Planungsbeteiligten vertraglich vereinbart.

Aufgrund des Fortschritts des Projektes im Basic Engineering wird der Steuerterminplan für diese Phase von der Projektsteuerung regelmäßig aktualisiert und den Projektbeteiligten dieser Phase zur Kenntnis gegeben.

3.2.4.3 Terminsteuerung des Basic Engineering

Grundlage der Terminsteuerung der Phase des Basic Engineering durch die Projektsteuerung ist der Steuerterminplan. Im Zuge dieser frühen Projektphase werden sich aufgrund des sich fortentwickelnden Kenntnisstandes und der Entscheidungen des Auftraggebers laufend Änderungen und notwendige Anpassungen des Steuerterminplans ergeben. Das Gesamtterminziel dieser Phase soll jedoch möglichst nicht angegriffen werden, so dass die Projektsteuerung mittels regelmäßiger Koordination und Abstimmung mit allen Projektbeteiligten alternative Wege zur Erreichung der Zeitziele in der Phase des Basic Engineering finden soll. Gleichzeitig sorgt die Projektsteuerung dafür, dass der Planungsfortschritt durch die Beteiligten in angemessener Weise vorangetrieben wird und die notwendigen Abstimmungen rechtzeitig durchgeführt werden.

3.2.4.4 Aufstellen und Abstimmen eines Steuerterminplans für die Phasen der Ausschreibung und Vergabe und des Detailed Engineering

Im Zuge des Basic Engineering werden vielerlei vertiefende Klärungen herbeigeführt und Entscheidungen durch den Auftraggeber getroffen, z. B. zur:

- Technischen/funktionalen Ausgestaltung des Projektes
- Vergabe-/Vertragsorganisation
- Konkretisierung der Budget- und Zeitvorgaben

Auf Basis dieser Konkretisierungen erarbeitet die Projektsteuerung einen Steuerterminplan für die nächsten Phasen der Ausschreibung und Vergabe und des Detailed Engineering. Ein wesentliches Arbeitsergebnis der Phase des Detailed Engineering stellt die Detailausführung des Projektes dar, welches unter anderem als Projekt-Pflichtenheft bezeichnet werden kann. Den Auftragnehmern, insbesondere dem Hauptauftragnehmer, sollte zur Herstellung und Abstimmung des Pflichtenheftes genügend Zeit im Terminplan eingeräumt werden, wodurch Risiken im Projekt deutlich gemindert werden können.

Für die Grundleistungen dieses Leistungsbildes wird generell davon ausgegangen, dass die Vergabe zumindest an einen Hauptauftragnehmer (gegebenenfalls auch Generalauftragnehmer) erfolgt, und dieser die Leistungen des Detailed Engineering erbringt. Für den Steuerterminplan der Ausschreibungs- und Vergabephase ist insbesondere der detaillierte zeitliche Verlauf bis hin zur Vergabe an den Hauptauftragnehmer zu erarbeiten. Gleichzeitig sind Eigenleistungen des Auftraggebers und bestimmte Teilleistungen, die an andere Auftragnehmer erteilt werden sollen (z.B. Bauleistungen), entsprechend den Vorgaben des Rahmenterminplans einzupassen.

Um einen reibungslosen Übergang von der Vergabe in die Phase der Leistungserbringung durch die Auftragnehmer zur Herstellung des Projektes zu gewährleisten, soll auch die Phase des Detailed Engineering bereits jetzt in die vertiefende Steuerterminplanung mit einbezogen werden. Auf diese Art und Weise kann der zu beauftragende Hauptauftragnehmer sowie eventuelle weitere Auftragnehmer sofort mit ihrer zielgerichteten Leistungserbringung beginnen.

Dabei berücksichtigt die Projektsteuerung Erstellungszeiten für Verträge, notwendige Abstimmungen mit Gremien oder, soweit einschlägig, dritten Beteiligten wie beispielsweise Banken im Hinblick auf die Finanzierung. Auch den notwendigen rechtlichen und kaufmännischen Verhandlungen ist ein angemessener Zeitraum einzuräumen, der im Rahmen der Terminplanung zu berücksichtigen ist.

3.2.4.5 Aufstellen und Abstimmen einer generellen Projektschnittstellenliste, sowohl in organisatorischer als auch in technischer und lokaler Hinsicht

Um den Bau, die Montage und die Inbetriebsetzung des Projektes koordiniert durchführen zu können, bedarf es klarer und gegebenenfalls feinstrukturierter Schnittstellenlisten. Dem Steuerterminplan für die Phase der Ausführung und des Projektabschlusses sind solche Schnittstellenlisten zu hinterlegen und sind damit ein erster Baustein für die Herstellung dieses Teils des Steuerterminplans. Für die einzelnen, terminlichen Aktivitäten definiert die Schnittstellenliste u. a.:

- Zugehörigkeit zu einem bestimmten technischen Teilsystem
- Organisatorische/vertragliche Verantwortung
- Lokale Verortung, gegebenenfalls in 3D

Die Herstellung der Schnittstellenliste durch die Projektsteuerung beginnt in der Phase des Basic Engineering und wird in den nachfolgenden Phasen fortgeführt.

3.2.4.6 Aktualisieren der Erfassung logistischer Einflussgrößen

Aufgrund der fortschreitenden Erkenntnis des Basic Engineering ergeben sich in aller Regel zusätzliche oder geänderte Anforderungen an die Logistik des Projektes. In Fortführung der Dokumentation aus der Phase der Projektvorbereitung werden die geänderten und zusätzlichen Anforderungen von der Projektsteuerung dokumentiert und die zuständigen Projektbeteiligten informiert.

Besondere Leistungen

3.2.4.7 Aufstellen von weiteren Rahmenterminplänen für alternative Vergabekonzepte

Sofern sich im Zuge des Basic Engineering Erkenntnisse und Entscheidungen ergeben, die andere Vergabekonzepte als sinnvoll und möglich erscheinen lassen, so werden von der Projektsteuerung entsprechende Rahmenterminpläne für solche Alternativen erzeugt. Häufig werden sich diese Alternativen auf eine verstärkte Einzelvergabe konzentrieren. Aufgrund der erhöhten Schnittstellenanzahl in einem solchen Falle, sind die Rahmenterminpläne von der Projektsteuerung gegebenenfalls detaillierter darzustellen.

3.2.4.8 Präsentieren alternativer Rahmenterminpläne in Gremiensitzungen und Mitwirken bei der Herbeiführung von Entscheidungen

Die alternativen Rahmenterminpläne für unterschiedliche Vergabekonzepte werden von der Projektsteuerung in Gremiensitzungen des Auftraggebers präsentiert. Die Projektsteuerung wirkt an der Herbeiführung von notwendig zu treffenden Entscheidungen mit.

3.2.4.9 Aufstellen und Abstimmen eines gesonderten Ausschreibungs- und Vergabeterminplans für alle nach dem Basic Engineering zu vergebenen Leistungen

Sofern erforderlich erstellt die Projektsteuerung einen Feinterminplan als Vergabetermin-plan z. B. aufgrund:

- Gewünschter, detaillierter Einzelvergaben
- Besonderer Anforderungen an Ausschreibung und Vergabe (z. B. nach öffentlich recht-lichen Grundsätzen)

Der Detaillierungsgrad des Vergabeterminplans ist so zu gestalten, dass die Aktivitäten von der Veröffentlichung bzw. Aufforderung zur Bewerbung über den Prozess der Ange-botseinholung und Prüfung bis hin zur Vergabe aufgeführt sind. Die Einbindung des Ver-gabeterminplans in den Rahmenterminplan und den Steuerterminplan des Gesamtprojektes ist sicherzustellen.

3.2.4.10 Mitwirken an der Erstellung eines Logistikkonzeptes

Als Grundlage für das Logistikkonzept des Gesamtprojektes dienen die Erkenntnisse aus dem Basic Engineering. Die bereits in der Phase der Projektvorbereitung erkannten logis-tischen Einflussgrößen werden mit den Anforderungen aus dem Basic Engineering abge-glichen. Es entsteht ein gesamtheitliches Konzept für die Baustellenlogistik, welches auch die betrieblichen Belange des Auftraggebers berücksichtigt. Zeitliche Randbedingungen hinsichtlich An- und Abfahrt, Lagerungsmöglichkeiten, Aufstellmöglichkeiten von Hebe-vorrichtungen, Verfügbarkeit der Flächen für Vorfertigungen etc. sind einzubeziehen.

3.2.4.11 Klären besonderer logistischer Maßnahmen im Abgleich mit öffentlichen Belangen sowie Anlieger- und Nachbarschaftsinteressen

Aktivitäten der Logistik zur Ver- und Entsorgung der Baustelle sowie der Logistik auf der Baustelle selbst können zum Konflikt mit öffentlichen Belangen sowie Anlieger- und Nach-barschaftsinteressen führen. Ist dies der Fall, sind gegebenenfalls von der Projektsteuerung besondere logistische Maßnahmen auf ihre Machbarkeit und Projekt-Kompatibilität hin zu überprüfen und mit den befassten Projektbeteiligten abzustimmen. U. a. können so Voran-fragen bei Behörden, Abklärungen mit Anliegern und Nachbarn etc. durchgeführt werden.

3.2.4.12 Klären logistischer Maßnahmen im Abgleich mit besonderen Anforderungen im Ausland

Diese Leistung stellt eine Fortführung der bereits in der Phase der Projektvorbereitung begonnenen Klärung und Erfassung der logistischen Einflussgrößen im Ausland dar. Fra-gestellungen, die sich aus der Planung des Basic Engineering ergeben und Einfluss auf die Logistik im Ausland haben, werden aufgenommen und unter Herbeiziehung der zuständi-gen Projektbeteiligten und gegebenenfalls externen Stellen abgestimmt und festgelegt.

3.2.5 Handlungsbereich E: Verträge und Versicherungen

Grundleistungen

3.2.5.1 Mitwirken bei der Durchsetzung von Vertragspflichten gegenüber den Beteiligten in der Engineeringphase

Sind im Rahmen der Projektvorbereitung grundsätzliche Weichenstellungen getroffen, so gilt es diese im Rahmen der dann folgenden Projektphase planerisch umzusetzen. Aufgabe der Projektsteuerung ist es, die früh geschlossenen Engineeringverträge listenmäßig zu erfassen und an ihrer Durchsetzung mitzuwirken. Kern dieser Mitwirkung ist es, die Überprüfung der Erfüllung des Leistungssolls der Engineeringverträge bei den technischen Projektverantwortlichen zu initiieren. Je nach Inhalt der Leistungsbeschreibung sind die Inhalte der Entwurfs- bzw. Vorplanung (wenn man hier die Begriffe der HOAI verwenden will) und die entsprechenden planerischen Ergebnisse zu analysieren und zu bewerten. Falls erforderlich, veranlasst die Projektsteuerung, die rechtliche Durchsetzung durch die verantwortlichen Projektjuristen.

3.2.5.2 Mitwirken bei der Modifizierung von rechtlichen Vorgaben für Engineeringverträge

Je nach Erkenntnissen in der Phase des Basic Engineering kann es möglich sein, dass rechtliche Vorgaben für die Engineering-Verträge, beispielsweise im Hinblick auf die Erwirkung der notwendigen BImSchG-Genehmigung oder im Hinblick auf notwendige Freigaben, etwa beim BSH für Offshore-Bauwerke, modifiziert werden müssen.

Diese neuen rechtlichen Vorgaben müssen von der Projektsteuerung erkannt werden und nachfolgend die vertragliche Umsetzung veranlasst werden. Es ist Aufgabe der Projektsteuerung, diese Schnittstelle zu organisieren und abzudecken. Die Projektsteuerung hat daran mitzuwirken, dass eventuelle Erkenntnisse aus dem Basic-Engineering in die weiteren rechtlichen Vorgaben einfließen.

Besondere Leistungen

3.2.5.3 Abstimmen von besonderen rechtlichen Vorgaben bei gewerkeweiser Vergabe

In der Phase der Projektvorbereitung sind als besondere Leistungen zunächst die notwendigen Schnittstellenregelungen der Beteiligten durch die Projektsteuerung erfasst worden. Dies gilt im Hinblick auf technische und rechtliche Zusammenhänge und daraus resultierende Notwendigkeiten.

Bei Durchführung einer gewerkeweisen Vergabe sind die besonderen rechtlichen Vorgaben im Rahmen des Basic Engineering mit den jeweiligen Verantwortungsträgern abzustimmen, sodass diese in geeigneter Form vertraglich umgesetzt werden können. Die besonderen rechtlichen Vorgaben folgen aus dem Umstand, dass zahlreiche Engineering- und Ausführungsverträge abgeschlossen werden müssen.

3.2.5.4 Abstimmen von besonderen rechtlichen Vorgaben aus Auslandsbau

Die besonderen rechtlichen Vorgaben aus dem Auslandsbau waren im Rahmen der Projekt-vorbereitung, Projektstufe 1, zusammenzustellen. Die Projektsteuerung wird die Ergebnisse mit den jeweiligen Projektverantwortlichen abstimmen und die Umsetzung der rechtlichen Vorgaben im Auslandsbau initiieren. Die Projektsteuerung hat dazu die Anforderungen fest-stellen zu lassen und die entsprechend fachlich am Projekt Beteiligten über die besonderen rechtlichen Vorgaben des Auslandsbaus zu informieren und deren Klärung zu initiieren. Erforderlichenfalls veranlasst die Projektsteuerung die Einschaltung geeigneter Experten.

3.2.5.5 Abstimmen von besonderen rechtlichen Vorgaben aus Bauen im Bestand

Die besonderen rechtlichen Vorgaben aus dem Bauen im Bestand waren im Rahmen der Projektvorbereitung zusammenzustellen. Es ist Aufgabe der Projektsteuerung, diese mit den Projektverantwortlichen abzustimmen. Die Projektsteuerung hat auf die Beachtung von eventuellen Besonderheiten der Aufgabe hinzuweisen sowie im Hinblick auf die not-wendigen vertraglichen Regelungen auf die Beachtung der jeweiligen Bestandsanalysen durch die projektbeteiligten Juristen hinzuwirken.

3.3   Projektstufe 3: Ausschreibung und Vergabe

3.3.1   Handlungsbereich A: Organisation, Information, Integration und Genehmigungen

Grundleistungen

3.3.1.1 Bewerten der laufenden Prozesse auf Basis der Zielvorgaben

Erkenntnisse aus der Erstellung der Ausschreibung, der Vergabeunterlagen und der Vergabe sind mit den Projektvorgaben und Projektzielen unter Einbeziehung der Vergabestrategie abzugleichen.

3.3.1.2 Umsetzen der Organisationsregeln und der Projektstrukturplanung

Die in der Projektvorbereitungsphase entwickelten und abgestimmten Organisationsregeln sind auf Ihre konsequente Umsetzung zu überprüfen und mögliche Vereinfachungen in Abstimmung mit dem Auftraggeber und den Projektbeteiligten durchzuführen.

Kommende Anpassungen der Ablauf- und Aufbauorganisation im Hinblick auf sich verändernden Anforderungen der Leistungserbringer, Behörden und ausführende Unternehmen sind durch die Projektsteuerung zu berücksichtigen.

3.3.1.3 Koordinieren des Entscheidungs- und Änderungsmanagements

Die Projektsteuerung berücksichtigt bei der Koordination die in der Phase Projektvorbereitung abgestimmten Grundlagen.

Entscheidungsmanagement

Im Projektverlauf obliegt es der Projektsteuerung Entscheidungsbedarf zu erkennen und die Vorgänge zur Entscheidungsvorbereitung zu veranlassen. Unter Berücksichtigung der Aufbauorganisation des Projektes und der Entscheidungsbefugnisse sind folgende Schwerpunkte aktiv zu koordinieren:

- Gegenstand der Entscheidung und einzubindende Projektmitglieder bei der Vorbereitung der Entscheidung
- Entscheidungsfindung durch den Entscheidungsträger und die einzubindende Projektmitglieder bezüglich der Auswirkung auf deren Handlungsbereich
- Zeitliche Priorität der Entscheidung und spätester möglicher Entscheidungszeitraum
- Darstellung der Alternativen und der jeweiligen Konsequenzen in Bezug auf den Projektverlauf

Besondere Berücksichtigung soll die Betrachtung der Entscheidungsträger mit den Entscheidungskriterien und deren Verhältnis zueinander finden. Ebenfalls müssen Abhängigkeiten von zu treffenden Entscheidungen zueinander und Wechselwirkungen zwischen den Alternativen Berücksichtigung finden.

Änderungsmanagement

Die Projektsteuerung koordiniert das Änderungsmanagement durch Betreuung des implementierten Prozesses und ablaufgerechter Steuerung der folgenden Schwerpunkte:

- Überprüfung des Änderungsvorschlages mit dem Einreicher und dem Engineeringpartner
- Vorstellen und Erläutern der Arbeitsergebnisse gegenüber dem Auftraggeber
- Herbeiführen der Entscheidung zur Annahme, Ablehnung oder zur weiteren Untersuchung des Änderungsvorschlages
- Genauere Betrachtung des Änderungsvorschlages unter Beachtung aller Rahmenbedingungen, Konsequenzen, Eignungen
- Beachtung des Verwaltungsaufwandes für den Änderungsvorschlag selbst unter Berücksichtigung von Sonderfachleuten, Gutachten usw.
- Koordination aller von der eventuellen Änderung betroffenen Bereiche zur Erstellung einer umfänglichen Bewertung des Änderungsvorschlages
- Koordination der Erstellung des Bewertungsdokumentes
- Herbeiführen der Endabstimmung durch den Auftraggeber auf Basis des Bewertungsdokumentes

3.3.1.4 Koordinieren der Genehmigungs- und etwaiger Zertifizierungs- und Lizensierungsverfahren

Die Projektsteuerung führt die Genehmigungs- und Zertifizierungserfordernisse koordinierend zusammen. Dabei werden erforderliche Anträge, Unterlagen und einzuholende Gutachten auf Basis der in der Phase „Projektvorbereitung" erarbeiteten Grundlagen geplant und gesteuert. Tritt Klärungsbedarf ein, leitet die Projektsteuerung die offenen Fragen zur Beantwortung an die jeweils fachlich Verantwortlichen weiter und stellt die entsprechenden Beiträge zur Abstimmung mit dem Auftraggeber zusammen.

3.3.1.5 Analysieren, Bewerten und Steuern der Engineering-Prozesse

Die in der Basic-Engineeringphase entwickelten und abgestimmten Engineeringprozesse sind auf die Vergabe sinngemäß anzuwenden und entsprechend zu ergänzen. Die Projektsteuerung überprüft in der Vergabephase die Vollständigkeit der erzeugten Vergabeunterlagen in Bezug auf den Projektscope und die Projektziele.

3.3.1.6 Berücksichtigen des Inbetriebnahmekonzeptes beim Abgleich der Anlagenbeschreibung

Die Projektsteuerung hat auf Basis der Ergebnisse des Basic-Engineering die erarbeiteten Unterlagen zu bewerten und das Erstellen der Anlagendokumentation zu überwachen. Folgende Unterlagen können für die Bewertung und Erstellung herangezogen werden:

- Auslegungsgrundlagen
- Anlagenbeschreibung
- Verfahrensbeschreibung

- Bilanzen und Mengenflüsse
- Verfahrensgrundlagen
- Spezialausrüstungen

3.3.1.7 Überwachen der Umsetzung der Projektdokumentation

Die Projektsteuerung überwacht stichprobenhaft die Umsetzung aller festgelegten Vorgaben zur Projektdokumentation. Hierzu sind die erzeugten Engineering-Dokumente der Projektbeteiligten auf inhaltliche und redaktionelle Fehler zu überprüfen und gegebenenfalls Korrekturen einzufordern.

3.3.1.8 Mitwirken beim Risikomanagement

Die Projektsteuerung verantwortet die Initiierung der Anpassung des Risikomanagementplanes an die geänderten Rahmenbedingungen der Projektphase Vergabe.

Von der Projektsteuerung sind die Ergebnisse des überarbeiteten Risikomanagementplanes und die daraus neu gewonnenen Risikowahrscheinlichkeiten in den Handlungsbereichen B-D zu betrachten.

3.3.1.9 Mitwirken beim HSE-Management (Health, Safety, Environment)

Die Projektsteuerung veranlasst eine Bewertung der Anforderungen aus den HSE-Festlegungen des Auftraggebers, des Anlagenbetreibers oder projektbezogene Anforderungen unter Mitwirkung der HSE-Koordination auf die in der Vergabephase relevanten Punkte, sodass diese im Vergabeprozess berücksichtigt werden.

Besondere Leistungen

3.3.1.10   Mitwirken beim Stakeholdermanagement

Die Projektsteuerung aktualisiert und schreibt in Bezug auf das Stakeholdermanagement die Dokumente fort:

- Stakeholderliste, sowie den
- Rahmenterminplan fort

und erstellt den Stakeholdermanagementplan aus dem folgende Informationen gewonnen werden sollten:

- Wechselwirkungen zwischen den Stakeholdern
- Zeitrahmen und Häufigkeit der Information
- Änderungsauswirkungen auf den/die Stakeholder
- Engagement des/der Stakeholder
- Grund der Information an den/die Stakeholder

Basierend auf dem Stakeholdermanagementplan gestaltet die Projektsteuerung aktiv die Kommunikation und die Zusammenarbeit mit den Stakeholdern, um auf bestehende Fragen und Erwartungen der Stakeholder direkt einzugehen. Der Stakeholdermanagementprozess hat das Ziel die Wiederstände gegenüber dem Projekt so gering wie möglich zu halten. Es findet eine in abgestimmten Zeiträumen kontinuierliche Information an den Auftraggeber statt. Zur Kommunikation mit dem Auftraggeber und zur Verfolgung der Managementergebnisse können folgende Dokumente erarbeitet werden:

- Problemprotokoll
- Änderungsanträge
- Entscheidungen
- Informationen zur Auftraggeberorganisation und deren Änderungen
- Änderungen zu Projektdokumenten

3.3.1.11 Mitwirken bei der Umsetzung der Anforderungen aus Bauen im Bestand

Die Projektsteuerung wirkt bei der Umsetzung der aus der Phase „Projektvorbereitung" gewonnen Erkenntnisse mit und stimmt die Anforderungen mit dem Auftraggeber ab. Dabei wird die Koordination des Engineering-Interfaces und des Entscheidungs- und Änderungsmanagements überprüft, um gezielt auf Abweichungen reagieren zu können. Die Vorgaben des HSE-Managements sind auf die Kompatibilität im Bestandbereich konzeptionell zu betrachten

3.3.1.12 Projekte im Ausland

Siehe Abschn. 3.1.1.12

3.3.1.13 Betreiben und Anpassen des Projekt-Kommunikations-Management-Systems (Projektraum)

Die Projektsteuerung betreibt auf Basis von gemeinsamen Festlegungen mit dem Auftraggeber ein „Projekt-Kommunikations-Management-Systems".

3.3.1.14 Multiprojektmanagement – Projektsteuerung mehrerer zusammenhängender Projekte

Die Projektsteuerung steuert auf Basis der in den vorangegangenen Projektphasen festgelegten Methoden die zusammenhängenden Projekte und berücksichtigt dabei auf Basis die Handlungsleitlinien aus den Bereichen A-E.

3.3.2 Handlungsbereich B: Qualitäten und Quantitäten

Grundleistungen

3.3.2.1 Erfassen und Feststellen von Präqualifizierung und Qualitätsstandards der Bieter

Im ersten Schritt werden die durchgeführte Präqualifikation und die bewerteten Qualitätsstandards erfasst. Dabei stellt die Projektsteuerung sicher, dass eine geeignete Präqualifikation durchgeführt wurde und die Bieter angemessen bewertet wurden und

geeignet sind, die Leistungen auszuführen. Die grundsätzliche Eignung der ausgewählten Bieter wird damit festgestellt und die geeigneten Bieter werden in der Anfrageliste
zusammengefasst.

3.3.2.2 Beraten zu Quantitäten und Qualitäten im Rahmen der Ausschreibungs- und Vergabeverfahren

Im Rahmen der Ausschreibungs- und Vergabeverfahren berät die Projektsteuerung den
Auftraggeber bzw. den von ihm beauftragten ausschreibenden Dienstleister. Es geht dabei
darum, möglichst effiziente Qualitäten und Ausschreibungsstrukturen zu erreichen, die
bei der späteren Angebotseinholung und Auftragsabwicklung effizient und risikoarm
sind. Dies kann etwa bedeuten, sehr spezifische Qualitäten und Anforderungen in der
Ausschreibung zu vermeiden bzw. aufzuweiten, um sicherzustellen, dass eine ausreichende
Wettbewerbsintensität der Bieter erreicht wird.

3.3.2.3 Überprüfen der Spezifikation und des Leistungsverzeichnisses bzw. der Leistungsbeschreibung

Neben der Beratung überprüft die Projektsteuerung die gewählten Spezifikationen und das
Leistungsverzeichnis bzw. die Leistungsbeschreibung auf Plausibilität. So können mögli-
che Ideen für Optimierungen eingebracht werden und das Leistungsverzeichnis bzw. die
Leistungsbeschreibung verbessert werden. Zusätzlich können auch alternative Spezifikatio-
nen eingebracht und separat bewertet werden. Außerdem werden die Qualitäten und auch
Quantitäten stichprobenhaft durch die Projektsteuerung überprüft.

3.3.2.4 Koordinieren und Mitwirken bei der Ausschreibung

Im Rahmen der Ausschreibung wirkt die Projektsteuerung insbesondere durch Koordinie-
rung aller notwenigen Aktivitäten für die Festlegung der Qualitäten und Quantitäten mit
und beteiligt sich somit an der Sicherstellung eines professionellen Ausschreibungspro-
zess. Dabei werden frühzeitig qualitative und quantitative Abweichungen erkannt, sodass
mögliche Gegenmaßnahmen vorgeschlagen und damit ein korrekter Ausschreibungspro-
zess unterstützt werden kann.

3.3.2.5 Mitwirken beim Analysieren und Bewerten der Angebote zu Quantitäten und Qualitäten

Nach Eingang der Angebote arbeitet die Projektsteuerung bei der Analyse und der Bewertung der Angebote mit, hier insbesondere bei der Prüfung der Ausschreibungskonformität
der Angebote hinsichtlich der Quantitäten und Qualitäten. Darüber hinaus gehört auch die
Mitwirkung an der Bewertung und Analyse möglicher alternativer Produkte oder Materialien hinsichtlich ihrer Gleichwertigkeit zu Aufgaben der Projektsteuerung. Bei abwei-
chenden Vorschlägen für Qualitäten oder anderen ausgeschriebenen Spezifikationen
koordiniert die Projektsteuerung die Bewertung dieser Vorschläge. Auch die unterstützende
Analyse und Bewertung möglicher Sondervorschläge ist Teil der Analyse und Bewertung
der eingegangenen Angebote.

3.3.2.6 Überwachen des Führens einer Vergabeakte

Das Führen einer etwaigen Vergabeakte ist eine wichtige Dokumentation im Rahmen jeder regelkonformen Vergabe. Die Projektsteuerung stellt sicher, dass eine vollständige Vergabeakte korrekt geführt wird. Dabei wird darauf hingewiesen, wenn die Vergabeakte nicht oder unvollständig geführt wird.

Besondere Leistungen

3.3.2.7 Erfassen und Bewerten möglicher Lieferanten

Die Projektsteuerung koordiniert das Erfassen und Bewerten möglicher Lieferanten. Dabei werden vor einem Präqualifikationsverfahren mögliche Lieferanten ausgewählt und einer ersten groben Bewertung hinsichtlich ihrer Eignung unterzogen. Es wird eine Liste möglicher Lieferanten entwickelt, die prinzipiell für die Präqualifikation angefragt werden soll. Nach einer Konsolidierung aufgrund der ersten Bewertung werden diese Unternehmen in einer Liste für die Präqualifikation zusammengefasst.

3.3.2.8 Durchführen des Präqualifikationsverfahrens möglicher Lieferanten und Nachunternehmer

Die ausgewählten Unternehmen werden im Rahmen eines Präqualifikationsverfahrens kontaktiert. Dafür wird zunächst ein projektspezifischer Kriterienkatalog und darauf aufbauend ein projektspezifischer Anfragekatalog erarbeitet, der die notwendigen Informationen je Unternehmen enthält, die zur Bewertung im Rahmen der Präqualifikation erforderlich sind. Diese enthalten üblicherweise neben der fachlichen Qualifikation (Lieferung und Einbau), die in geeigneter Wiese nachzuweisen ist, auch Faktoren, die die Abwicklungskompetenz der einzelnen Bieter enthalten. Es hat sich in diesen Zusammenhang bewährt, die Preisangebote zunächst gar nicht mitzuteilen, um sich auf die Präqualifikation konzentrieren zu können. Die Projektsteuerung führt dabei die Bewertung der gewählten Bieter durch und stellt damit diejenigen Bieter fest, die den Kriterien entsprechen und daher präqualifiziert werden können. Die finale Entscheidung über die anzufragenden Bieter trifft der Auftraggeber.

In die Präqualifikation fließt auch der Qualitätsstandard möglicher Bieterprodukte mit ein, der sich insbesondere auf spezifische Produktqualitäten bezieht.

Es sollten anschließend nur diejenigen Angebote berücksichtigt werden, deren Bieter als geeignet bewertet wurden.

3.3.2.9 Prüfen der Ausschreibungsunterlagen in Bezug auf Quantitäten und Qualitäten

Zusätzlich zur stichprobenhaften Überprüfung der Ausschreibungsunterlagen prüft die Projektsteuerung vollumfänglich die gesamten Ausschreibungsunterlagen hinsichtlich der ausgeschriebenen Qualitäten und Quantitäten. Es wird dabei auch eine volle Massenkontrolle durchgeführt.

3.3.2.10 Mitwirken bei der Entwicklung einer optimalen Vergabestrategie in Bezug auf Quantitäten und Qualitäten

Als Vorbereitung der Ausschreibung berät die Projektsteuerung bei der grundsätzlichen Gestaltung der Ausschreibung und wirkt bei der Erarbeitung der Vergabestrategie mit. Dies geschieht in diesem Handlungsreich im Hinblick auf die Qualitäten und Quantitäten. Es ist dabei zu berücksichtigen, wie hoch das Massenrisiko ist und welche Quantitäten unbestimmt sind oder sich evtl. noch in hoher Wahrscheinlichkeit während der weiteren Planung ändern können. Ebenso ist relevant, inwiefern sich noch geforderte oder notwendige Qualitäten und Spezifikationen ändern können. Je nachdem berät die Projektsteuerung zum Beispiel in den Fragen der Ausgestaltung der Vertragstypen (z. B. GU-Vertrag gegenüber Einzelvergaben etc.), der Art der Ausschreibungsunterlagen (z. B. Leistungsverzeichnis gegenüber (funktionalen) Leistungsbeschreibung), der generellen Vergabestrategie (z. B. lokal vs. globale Vergabe, bekannte Unternehmer vs. Bieter-Anfrage usw.). Die Projektsteuerung unterstützt den Auftraggeber bei der Erarbeitung und Bewertung der hinsichtlich des besten Chancen-Risiko-Profils und spricht abschließend eine Empfehlung aus.

3.3.2.11 Mitwirken bei Verhandlungen mit etwaigen Bietern und Vergabeempfehlung

Die Projektsteuerung wirkt bei den Verhandlungen der Angebote mit. Sie berät den Auftraggeber in qualitativen und quantitativen Fragestellungen. So kann oft eine erste rein technische Angebotsverhandlung sinnvoll sein und anschließend, nach technischer Klärung, eine oder mehrere kaufmännische Verhandlungsrunden. Sie wird auch an Verhandlungen teilnehmen und das Verhandlungsteam des Auftraggebers unterstützen und bei den einzelnen Verhandlungen mitwirken.

Auf Basis der durchgeführten Verhandlungen und der überarbeiteten und verbesserten Angeboten unterstützt die Projektsteuerung den Auftraggeber bei der Bewertung der finalen Angebotsstände sowie in der Erarbeitung der Vergabeempfehlung.

3.3.2.12 Klären und Erfassen landesspezifischer Einflussgrößen

Sind Projekte international zu realisieren, können spezifische landestypische Anforderungen an die Qualitäten zu beachten sein. Die Projektsteuerung klärt die Anforderungen ab und erfasst diese in den Ausschreibungsunterlagen. Darüber hinaus wirkt die Projektsteuerung bei der Abbildung der landesspezifischen Einflussgrößen mit und überprüft deren Einarbeitungen.

3.3.3 Handlungsbereich C: Kosten und Finanzierung

Grundleistungen

3.3.3.1 Überprüfen der ermittelten Sollwerte für die Vergaben auf der Basis der aktuellen Kostenberechnungen

Eine wesentliche Voraussetzung für eine wirtschaftliche Vergabe der Bauleistungen, ist die Wahl der richtigen Vergabestrategie in Abhängigkeit von Projektgröße, Schnittstellen,

Planungsvoraussetzungen und Gewerkestruktur usw. im Hinblick auf die bestehenden Randbedingungen (Region, Firmenstruktur, Bonität des Investors etc.). Ein weiterer Gesichtspunkt liegt in dem bestehenden Vertragswerk und den Strategien zum Risikotransfer.

Eine wesentliche Beeinflussungsmöglichkeit ist die Veranlassung der Prüfung der Leistungsbeschreibung durch die Projektsteuerung auf Eindeutigkeit und Vollständigkeit in Zusammenhang mit einer klaren Planungsgrundlage sowie die Anpassung der Kostenvorgaben auf Basis eines etwaigen Leistungsverzeichnisses oder Grobkalkulation der potenziellen Auftragnehmer.

3.3.3.2 Überprüfen und Freigabevorschläge bzgl. der Rechnungen der Projektbeteiligten (außer ausführenden Unternehmen) zur Zahlung

Siehe Abschn. 3.1.3.2

3.3.3.3 Überprüfen der erstellten Kostenermittlungen

Die Sollwerte für die Vergaben müssen auf Ihre Realisierungswahrscheinlichkeit durch die Projektsteuerung überprüft werden. Es ist sicherzustellen, dass die Budgetansätze je Vergabe einen realistischen Rahmen für die Vergaben darstellen. Dabei ist sicherzustellen, dass keine unrealistisch niedrigen sowie hohen Budgets eingestellt werden.

3.3.3.4 Überprüfen und Vergleichbarkeit der Angebotsauswertungen

Nach Eingang der Angebote und der Angebotsauswertungen der Planer sind diese hinsichtlich der Bewertbarkeit der Preise und der sonstigen Bedingungen durch die Projektsteuerung zu überprüfen. Hierbei ist es wichtig, die Vollständigkeit der angebotenen Leistungen festzustellen und die Bewertung eventueller besonderer Bedingungen zu überprüfen. Die Projektsteuerung soll dabei die Bewertung möglicher Nebenbedingungen und sonstiger Angebotsbestandteile nachvollziehbar dokumentieren. Im Ergebnis müssen vergleichbare Angebote vorliegen, die direkt preislich verglichen werden können.

3.3.3.5 Kostensteuerung unter Berücksichtigung der Angebotsprüfungen

Nach Eingang der Angebote, des Ergebnisses der Angebotsprüfungen sowie der Vergabeverhandlungen sind kontinuierlich die Budgets durch die Projektsteuerung zu überprüfen und bei einer umfassenden Kostensteuerung mitzuwirken. Es sind kostensenkende Potenziale anzustoßen und deren Realisierung zu initiieren. Die Einhaltung des Gesamtbudgets ist grundsätzlich im gesamten Steuerungsverlauf zu überprüfen.

3.3.3.6 Vorgeben der Deckungsbestätigungen für Aufträge

Nach der Vergabeentscheidung sind die jeweiligen Budgetfreigaben der Teilleistungen und damit auch das des Gesamtbudget zu überprüfen.

3.3.3.7 Planen von Mittelbedarf und Mittelabfluss

Im Zuge der Kostenplanung und -steuerung sind auch der Mittelbedarf und der Mittelabfluss zu überprüfen. Dies hat kontinuierlich parallel zur Kostensteuerung zu erfolgen.

Dabei sind besondere Mittelbedarfsspitzen zu vermeiden. Hierfür ist es wichtig, die Liquiditätsplanung kontinuierlich nachzuhalten. Die erforderlichen Mittelbedarfe sind schließlich mit der Mittelbereitstellung auf Konsistenz zu überprüfen.

3.3.3.8 Fortschreiben der projektspezifischen Kostenverfolgung (kontinuierlich)

Die Kostenverfolgung ist entlang des gesamten Projektes kontinuierlich fortzuschreiben und anzupassen. Dabei ist ein System der Mika (mitlaufenden Kalkulation) anzustreben.

Besondere Leistungen

3.3.3.9 Mitwirken bei der Erstellung weiterer Kostenschätzungen/ Kostenberechnungen

In dem Fall, dass der Auftraggeber eine weitere Kostenschätzung für bestimmte ausführende Unternehmen einholen will, z. B. um eine Vergleichsbasis zu erhalten, erstellt die Projektsteuerung auf Basis der Projektrahmenbedingungen Kostenberechnungen. Die Erstellung dieser Kostenberechnung ist abhängig von der Gliederung und dem jeweiligen Detaillierungsgrad. Die Projektsteuerung sollte hier auf die Erkenntnisse des Basic Engineerings sowie des Vergabeprozesses zurückgreifen, um eine möglichst genaue Kostenschätzung durchzuführen.

3.3.3.10 Mitwirken bei einem Value Engineering der geplanten Anlage

Siehe Abschn. 3.2.3.7
In der Projektphase der Vergabe kann die Projektsteuerung auf deutlich mehr Randbedingungen eingehen. Aufbauend auf dem Value Engineering, der davor laufenden Phase Basic Engineering, entwickelt die Projektsteuerung ein detaillierteres Kostenmodell.

3.3.4   Handlungsbereich D: Termine, Kapazitäten und Logistik

Grundleistungen

3.3.4.1 Fortschreiben des Rahmenterminplans für das Gesamtprojekt

Der Rahmenterminplan für das Gesamtprojekt wird von der Projektsteuerung fortgeschrieben. Aufgrund der anstehenden Vergaben an die liefernden und ausführenden Firmen sind die Phasen des Detailed Engineering, der Ausführung und des Projektabschlusses weiter zu detaillieren und der vorgesehenen Vergabestruktur anzupassen. Hierbei ist besonderer Wert auf klare Abgrenzungen bei den entstehenden Schnittstellen zu legen.

3.3.4.2 Definieren der vertraglichen Anforderungen an die Terminplanung, die Terminverfolgung und das Terminberichtswesen der zu beauftragenden Auftragnehmer

Wie bereits weiter oben beschrieben, wird für die Grundleistungen des Projektmanagements im Anlagenbau davon ausgegangen, dass der Auftraggeber einen Generalunternehmer mit den wesentlichen Leistungen des Detailed Engineering, der Lieferung und Montage bis hin zur Inbetriebsetzung beauftragt. Im Umfang geringere Teilleistungen werden gegebenenfalls durch Einzelvergaben an besondere Auftragnehmer (z. B. der Bauteil) oder durch eigene Leistungen des Auftraggebers erbracht.

Die Vergabe an einen Kumulativ-Auftragnehmer (Hauptauftragnehmer) beinhaltet auch die vertragliche Verpflichtung dieses Auftragnehmers zur terminlichen Planung, Koordination und Steuerung seines kumulativen Leistungsteils. Der Terminplan dieses Hauptauftragnehmers ist in den gesamtheitlichen Steuerterminplan des Auftraggebers, der wiederum von der Projektsteuerung erstellt, gepflegt und verfolgt wird, zu integrieren. Hieraus entstehen Anforderungen an die Terminplanung des Hauptauftragnehmers, die im Vertrag festgelegt werden müssen. Ähnliches kann gegebenenfalls auch für weitere Einzelaufträge an andere Auftragnehmer gelten.

Um eine einheitliche Terminplanung und Terminverfolgung im Projekt zu gewährleisten, definiert die Projektsteuerung die notwendigen Anforderungen an die Terminplanung und -verfolgung durch die zu beauftragenden Auftragnehmer, z. B. hinsichtlich:

* Anforderungen an die Strukturierung des Terminplans
* Anforderungen an die Codierung
* Anforderungen an die Vernetzung
* Anforderungen bezüglich der erstmaligen Fertigstellung und des regelmäßigen Updates durch den/die Auftragnehmer
* Anforderungen an den regelmäßigen Datenaustausch und das Berichtswesen zur Terminplanung und Verfolgung

Die an die Terminplanung der Auftragnehmer zu stellenden Anforderungen werden von der Projektsteuerung formuliert und in einem Vorschlag zur Vertragsergänzung an den Auftraggeber zur Einbindung in die Ausschreibungsunterlagen übergeben.

3.3.4.3 Aufstellen eines für alle zu beauftragenden Auftragnehmer geltenden, gesamtheitlichen Vertragsterminplans auf Basis des Rahmenterminplans

Bestandteil der Ausschreibung für die Leistungen der Aufragnehmer sind auch terminliche Vorgaben. Die Projektsteuerung entnimmt solche Terminvorgaben (Vertragsfristen) dem von ihr gepflegten und aktualisierten Rahmenterminplan. Gegebenenfalls erarbeitet sie für die einzelnen Vergabeeinheiten (incl. Hauptauftragnehmervergabe) gesonderte Vertragsterminpläne, die einen Ausschnitt aus dem Rahmenterminplan darstellen und die jeweils ausgeschriebenen und zu vergebenden Leistungen im Schwerpunkt betrachten. Sollten sich im Zuge der Verhandlungen aufgrund von akzeptierten Änderungswünschen der Bieter/Auftragnehmer Änderungen in diesen Vertragsterminplänen ergeben, so ist auch der Rahmenterminplan von der Projektsteuerung entsprechend anzupassen. Sie hat darauf zu achten, dass solche Änderungen durchgängig in den vertraglichen Vereinbarungen mit allen Auftragnehmern untergebracht werden.

3.3.4.4 Verfolgen und Fortschreiben des Steuerterminplans für die Phasen der Ausschreibung und Vergabe und des Detailed Engineering

Der bereits in der Phase des Basic Engineering aufgestellte Steuerterminplan für die Phasen der Ausschreibung und Vergabe und des Detailed Engineering wird aufgrund der aktuellen Erkenntnisse aus der Vergabephase fortgeschrieben und aktualisiert. Insbesondere aus den Angeboten und Verhandlungen mit zu beauftragenden Auftragnehmern gehen häufig Änderungen des bisher geplanten Projektverlaufs hervor. Sie entstehen aus technischen und betrieblichen Randbedingungen, die die zukünftigen Auftragnehmer in den Vergabeprozess einbringen.

3.3.4.5 Aufstellen und Abstimmen eines detaillierten Terminplans für die Eigenleistungen des Auftraggebers

Eigenleistungen, die der Auftraggeber mit eigenem Personal und eigenen Organisationseinheiten zu erbringen gedenkt, werden von der Projektsteuerung in Abstimmung mit den beteiligten Stellen des Auftraggebers erfasst und in einem gesonderten, detaillierten und schnittstellengetreuen Terminplan niedergelegt. Der Terminplan ist in den gesamtheitlichen Steuerterminplan des Projektes zu integrieren und gegebenenfalls in ergänzende Feinterminpläne zu untergliedern. Eine zeitlich jederzeit vertragsgerechte Durchführung dieser Eigenleistungen des Auftraggebers ist auch von großer monetärer Bedeutung, da das Claim Management der Auftragnehmer häufig zeitliche sowie inhaltliche Versäumnisse des Auftraggebers als Begründung für Nachträge nutzt.

Der Terminplan für die Eigenleistungen des Auftraggebers ist mit den beteiligten Stellen aus der Auftraggeberorganisation abzustimmen. Die Projektsteuerung sorgt hier mittels Koordination für Konsens und Zustimmung, um die uneingeschränkte Akzeptanz solcher Terminziele für Eigenleistungen bei den Projektbeteiligten des Auftraggebers sicher zu stellen.

3.3.4.6 Terminsteuerung der Ausschreibungs- und Vergabephase

Auf Grundlage des aktuellen Steuerterminplans koordiniert und steuert die Projektsteuerung die Aktivitäten der Ausschreibungs- und Vergabephase. Zur Sicherstellung einer geordneten Vergabe im vorgesehenen zeitlichen Rahmen stimmt sie sich frühzeitig mit den vergebenden Stellen (z. B. Einkauf des Auftraggebers) ab, damit hier die für die Vergaben notwendigen Kapazitäten und Termine vorgeplant werden können.

3.3.4.7 Fortschreiben der generellen Projektschnittstellenliste

Die bereits in der vorherigen Phase erarbeitete Schnittstellenliste wird von der Projektsteuerung aufgrund der Erkenntnisse aus den Vergabeprozessen fortgeschrieben.

3.3.4.8 Überprüfen der vorliegenden Angebote im Hinblick auf vorgegebene Terminziele und Managementprozesse

Mit den Angeboten werden die Bieter/Auftragnehmer häufig in Ergänzung oder Abänderung der Ausschreibungsbedingungen ihre eigenen Vorstellungen bezüglich der vertraglichen Inhalte unterbreiten. Sollten sich hieraus Änderungs- und Ergänzungswünsche im

Hinblick auf Vertragsfristen und die vertraglich zu vereinbarende Organisation der Terminplanung und -verfolgung ergeben, so sind solche Vorschläge von der Projektsteuerung auf Kompatibilität mit der gesamtheitlichen Organisation des Terminmanagements und mit dem Rahmenterminplan zu überprüfen. Werden aufgrund dieser Überprüfung nicht akzeptable Änderungswünsche des Bieters/Auftragnehmers erkannt, so wirkt die Projektsteuerung an der Klärung und Rückführung solcher Wünsche in das Gesamtkonzept des Projektes mit.

Mitunter werden Bieter vom Auftraggeber gebeten, ihre Leistungsfähigkeit anhand von bereits ausgeführten Referenzanlagen zu demonstrieren. Die Projektsteuerung nimmt an solchen Demonstrationen teil und vergleicht zwecks Verifizierung die terminlichen Zusicherungen aus dem Angebot mit den tatsächlichen Daten der Referenzprojekte.

Von den Auftragnehmern mit dem Angebot eingereichte, terminliche Zusicherungen hinsichtlich der Beschaffung von Ersatzteilen in der Betriebsphase sind von der Projektsteuerung aufzunehmen und einander in einem Bietervergleich gegenüber zu stellen.

3.3.4.9 Aktualisierung der Erfassung logistischer Einflussgrößen

Aus den Verhandlungen mit den Bietern/Auftragnehmern gehen oftmals zusätzliche oder abändernde Forderungen bezüglich der Baustellenlogistik hervor. Die Begleitung des Vergabeprozesses durch die Projektsteuerung bedeutet auch, dass solche gegebenenfalls zu berücksichtigenden Änderungswünsche hinsichtlich der Logistik in das gesamtheitliche Logistikkonzept des Projektes integriert werden. Ist dies nicht möglich, so wirkt die Projektsteuerung an Abstimmungen mit den Bietern/Auftragnehmern zur Anpassung ihrer logistischen Anforderungen mit.

Besondere Leistungen

3.3.4.10   Individuelles Ergänzen des gesamtheitlich geltenden Vertragsterminplans für gewerkeweise Vergabe

Im Zuge der Grundleistungen hat die Projektsteuerung einen gesamtheitlich geltenden Vertragsterminplan für die einzelnen Vergabeeinheiten hergestellt und sofern erforderlich, bereits für die einzelnen Vergabeeinheiten aufgrund gegebener Randbedingungen individualisiert und gesondert herausgezogen. Ergeben sich aufgrund der Vergabeverhandlungen und daraus resultierender Verabredungen zwischen Auftraggeber und Auftragnehmer Änderungen, die notwendigerweise in den jeweils für einen Auftragnehmer geltenden Vertragsterminplan integriert werden müssen, so sind solche Änderungen von der Projektsteuerung einzufügen. Sie achtet darauf, dass solche Änderungen mit den Vertragsterminplänen für andere Auftragnehmer im Einklang stehen.

3.3.4.11   Verfolgen, Fortschreiben und Steuern des gesonderten Ausschreibungs- und Vergabeterminplans

Der in der Projektstufe 2 von der Projektsteuerung aufgestellte, gesonderte Ausschreibungs- und Vergabeterminplan wird während der gesamten Vergabephase verfolgt und fortgeschrieben. Die einzelnen Aktivitäten des gesamten Vergabeprozesses werden laufend koordiniert und gesteuert.

3.3.4.12   Mitwirken an der Weiterentwicklung des Logistikkonzeptes

Auf Basis der Erkenntnisse aus der Vergabephase und den hier stattfindenden Vergabeverhandlungen wirkt die Projektsteuerung an der Fortschreibung und gegebenenfalls Detaillierung des Logistikkonzeptes für das gesamte Projekt mit.

3.3.4.13   Klären besonderer logistischer Maßnahmen im Abgleich mit öffentlichen Belangen sowie Anlieger- und Nachbarschaftsinteressen

Siehe Abschn. 3.2.4.11

3.3.4.14   Klären logistischer Maßnahmen im Abgleich mit besonderen Anforderungen im Ausland

Siehe Abschn. 3.2.4.12

3.3.5   Handlungsbereich E: Verträge und Versicherungen

Grundleistungen

3.3.5.1 Beraten bei der terminlichen und inhaltlichen Strukturierung des Vergabeverfahrens

Nach Klärung der Grundfragen und dem Treffen der systematischen Entscheidungen muss
der Auftraggeber das Vergabeverfahren, d. h. die Vergabe der Engineering-Verträge für die
detaillierte Planung und der Verträge für die ausführenden Leistungen durchführen. Die
Projektsteuerung berät bei der terminlichen Strukturierung dieses Verfahrensschritts und
stimmt die notwendigen Maßnahmen mit den jeweiligen Projektverantwortlichen ab. Im
Rahmen dieser Strukturierung hat die Projektsteuerung insbesondere die planungs- und
genehmigungsrechtlichen Besonderheiten des Anlagenbaus sowie den notwendigen Nie-
derschlag der Projektbesonderheiten in den Verträgen (z. B. besondere Vorgaben für den
Betrieb) bei den Projektbeteiligten aufzunehmen, zusammenzuführen und den beteiligten
Projektbeteiligten zur Bearbeitung zu überlassen.

3.3.5.2 Mitwirken bei der Vorbereitung von Verträgen

Für das Vergabeverfahren braucht es geeignete vertragliche Regelungen. Diese bestehen
aus den eigentlichen Vertragstexten und den dazugehörigen technischen Unterlagen, wie
beispielsweise Leistungsbeschreibungen, Plänen oder sonstigen technischen Vorgaben.
Die Aufgabe der Projektsteuerung ist es, bei dieser Vorbereitung mitzuwirken, d. h. zwischen den jeweiligen verantwortlichen Projektbeteiligten zu vermitteln und insbesondere
auf die vollständige Vorbereitung aller erforderlichen Verträge (siehe Abschn. 3.1.5.2) hinzuwirken. Die Projektsteuerung hat die Projektbeteiligten insbesondere auf eine (nach
Maßgabe des Vergabeterminplans) zeitgerechte und vollständige Zusammenstellung aller
relevanten technischen Unterlagen für die Verträge hinzuweisen.

3.3.5.3 Organisieren der Durchführung der notwendigen Verhandlungstermine für den Auftraggeber

Die in der Vergabephase vorbereiteten Verträge müssen, soweit nicht ein Vertragsschluss auch durch elektronische oder andere Kommunikation vermittelt werden kann, durch Vertragsverhandlungen in Verhandlungsterminen zwischen den Beteiligten finalisiert und abgeschlossen werden. Es ist Aufgabe der Projektsteuerung, diese Verhandlungstermine zu organisieren und insbesondere terminlich auf das Gesamtprojekt abzustimmen. Dazu gehört es auch, den Auftraggeber im Hinblick auf die fachliche Zusammenstellung eines geeigneten technischen, kaufmännischen und rechtlichen Verhandlungsteams zu beraten. Erforderlichenfalls weist er den Auftraggeber auf die notwendige Teilnahme von Fachleuten hin.

3.3.5.4 Mitwirken bei der Vergabe bis zum Vertragsschluss für den Auftraggeber

Im Rahmen der Vergabe der Verträge für die auszuführenden Leistungen hat die Projektsteuerung erforderlichenfalls organisatorische Maßnahmen zu ergreifen. Dabei überprüft die Projektsteuerung die Vollständigkeit der Verträge und der Vertragsanlagen vor der Vergabe und führt ein entsprechendes Vertragsregister nach deren Abschluss.

3.3.5.5 Mitwirken bei der Durchsetzung von Vertragspflichten gegenüber den Beteiligten

Sind die Verträge geschlossen, ist es Aufgabe der Projektsteuerung, bei der Durchsetzung der in den Verträgen niedergelegten Vertragspflichten gegenüber den jeweiligen Beteiligten mitzuwirken. Die Vertragsumsetzung erfordert eine Klärung eventueller diesbezüglicher offener Fragen sowohl in technischer als auch in rechtlicher Hinsicht. Es ist Aufgabe der Projektsteuerung, diese beiden Pole bei der Umsetzung der Verträge zusammenzuführen und erforderliche Abstimmungen der angesprochenen Projektbeteiligten zu organisieren. Die Projektsteuerung ist für die Projektjuristen die erste Anlaufstelle bei der Vermittlung entsprechenden technischen Know-hows und wird die jeweils fachlich betroffenen Disziplinen einschalten.

3.3.5.6 Mitwirken an der Vorbereitung des Claim-Managements

Mit der Vergabe der Verträge für die auszuführenden Leistungen stehen jeweils Preis und Leistung fest. Die Projektsteuerung muss bei der Beantwortung der Frage, wie geänderte und/oder zusätzliche Leistungen sowie Leistungsstörungen behandelt und abgewickelt werden, mitwirken. Claim-Management (Eigen- sowie Fremdclaims) bedeutet einen langfristigen und vorausschauenden Ansatz, mit dem in der Zukunft auftretende Problem bereits in der Gegenwart erfasst und ihre Lösung vorbereitet wird. Die Projektsteuerung hat dies vorzubereiten.

Die Projektsteuerung hat dabei darauf hinzuwirken, dass die jeweils fachlich Beteiligten, insbesondere aber die Projektjuristen, die typischen Claim-Sachverhalte erarbeiten (wie erwähnt geänderte und/oder zusätzliche Leistungen, Leistungsstörungen, aber auch Verzug oder Mängel). Die Sachverhalte müssen nach Möglichkeit schematisch in einer

Ablauf- oder Prozesmatrix dargestellt und dazugehörige Musterschreiben zur verbesserten rechtlichen Abweichung vorbereitet werden. Ferner hat die Projektsteuerung die Erstellung entsprechender Abrechnungsschemata zu initiieren und organisatorisch dafür Sorge zu tragen, dass Claims in Listen vollständig erfasst und deren Erledigung nachgehalten wird.

Besondere Leistungen

3.3.5.7 Mitwirken bei Vergabeverfahren nach formalem Vergaberecht

Ist der Auftraggeber, z. B. als Sektorenauftraggeber, an formales Vergaberecht gebunden, so muss die Projektsteuerung dies berücksichtigen und bei der Umsetzung der formalen Vergabevorgaben mitwirken. Dazu gehört die Klärung der konkreten Anforderungen in rechtlicher und gegebenenfalls technischer Hinsicht, die Veranlassung der Umsetzung in terminlicher, technischer wie rechtlicher Hinsicht sowie die Integration der Besonderheiten in den Ablauf der Vergabe. Zuletzt ist es die Aufgabe der Projektsteuerung, für eine geeignete Dokumentation der Vergaben nach formalem Vergaberecht zu sorgen und erforderlichenfalls die Führung einer Vergabeakte zu veranlassen. Die Projektsteuerung wird im Hinblick auf das formale Vergaberecht dem Auftraggeber die Einschaltung erfahrener Projektjuristen empfehlen, die die rechtlichen Vorgaben ausarbeiten und formulieren müssen.

3.3.5.8 Mitwirken bei der Vorbereitung und Vergabe eines Instandhaltungsvertrages

Die überwiegende Anzahl von Anlagen bedarf der Wartung und Instandhaltung. Oft ist es notwendig, dass der Anlagenersteller/-lieferant die Anlage selbst wartet und instand hält, weil beispielsweise besondere Betriebsgeheimnisse verhindern, dass ein drittes Unternehmen Wartungen und Instandhaltungen übernimmt oder weil besondere qualifizierte und beim Auftraggeber nicht vorhandene Kenntnisse notwendig sind, um Wartungen und Instandhaltungen durchzuführen. Die Projektsteuerung muss darauf hinwirken, dass Wartung und Instandhaltung als Projektaufgabe erkannt werden und hat bei der Vorbereitung eines entsprechenden Vertrages nebst Anlagen und bei der Vergabe mitzuwirken. Dazu zählt die Klärung der technischen und rechtlichen Erfordernisse durch Einschaltung der fachlichen Projektbeteiligten und die Berücksichtigung der Vorbereitung und der Vergabe im Rahmen des Vergabeterminplans.

3.3.5.9 Abstimmen von besonderen rechtlichen Vorgaben bei gewerkeweiser Vergabe

Siehe Abschn. 3.2.5.3

3.3.5.10 Abstimmen von besonderen rechtlichen Vorgaben aus Auslandsbau

Siehe Abschn. 3.2.5.4

3.3.5.11 Abstimmen von besonderen rechtlichen Vorgaben aus Bauen im Bestand

Siehe Abschn. 3.2.5.5

3.4   Projektstufe 4: Detailed Engineering

3.4.1   Handlungsbereich A: Organisation, Information, Integration und Genehmigungen

Grundleistungen

3.4.1.1 Bewerten der laufenden Prozesse auf Basis der Zielvorgaben

Die Zielsetzungen sind entsprechend der erfolgten Vergabe (lumpsum, turn-key,) an die/ den Engineering-Partner zu kommunizieren und die Ausrichtung der Partnerorganisation auf die Projektziele zu bewerten.

Die Projektsteuerung bewertet auf Basis der Informationen aus dem Entscheidungs- und Änderungsmanagement ob die Modifikationen im Projekt eine Änderung der Projektziele hervorrufen. Wird dieses indentifiziert sind die nötigen Änderungen mit dem Auftraggeber abzustimmen und die Projektziele fortzuschreiben.

3.4.1.2 Umsetzen der Organisationsregeln und der Projektstrukturplanung

Die in der Projektvorbereitungsphase entwickelten und abgestimmten Organisationsregeln sind auf ihre konsequente Umsetzung zu überprüfen und mögliche Vereinfachungen in Abstimmung mit dem Auftraggeber und den Projektbeteiligten durchzuführen.

Kommende Anpassungen der Ablauf- und Aufbauorganisation im Hinblick auf sich verändernden Anforderungen der Leistungserbringer, Behörden und ausführende Unternehmen sind durch die Projektsteuerung zu berücksichtigen.

3.4.1.3 Koordinieren des Entscheidungs- und Änderungsmanagements

Die Projektsteuerung berücksichtigt bei der Koordination die in der Phase Projektvorbereitung abgestimmten Grundlagen.

Entscheidungsmanagement

Im Projektverlauf obliegt es der Projektsteuerung Entscheidungsbedarf zu erkennen und die Vorgänge zur Entscheidungsvorbereitung zu veranlassen. Unter Berücksichtigung der Aufbauorganisation des Projektes und der Entscheidungsbefugnisse sind folgende Schwerpunkte aktiv zu koordinieren:

- Gegenstand der Entscheidung und einzubindende Projektmitglieder bei der Vorbereitung der Entscheidung
- Hauptverantwortlicher der Entscheidung und einzubindende Projektmitglieder bei Auswirkung auf deren Handlungsbereich
- Zeitliche Priorität der Entscheidung und spätester möglicher Entscheidungszeitraum
- Darstellung der Alternativen und der jeweiligen Konsequenzen in Bezug auf den Projektverlauf

Besondere Berücksichtigung soll die Betrachtung der Entscheidungsträger mit den Entscheidungskriterien und deren Verhältnis zueinander finden. Ebenfalls sind Abhängigkeiten von zu treffenden Entscheidungen zueinander und Wechselwirkungen zwischen den Alternativen berücksichtigen.

Änderungsmanagement
Die Projektsteuerung koordiniert das Änderungsmanagement durch die Betreuung des implementierten Prozesses. Folgende Schwerpunkte werden dabei ablaufgerecht steuert:

- Überprüfung des Änderungsvorschlages mit dem Einreicher und den/dem Engineeringpartner
- Vorstellen und Erläutern der Arbeitsergebnisse gegenüber dem Auftraggeber
- Herbeiführen der Entscheidung zur Annahme, Ablehnung oder zur weiteren Untersuchung des Änderungsvorschlages
- Genauere Betrachtung des Änderungsvorschlages unter Beachtung aller Rahmenbedingungen, Konsequenzen, Eignungen
- Beachtung des Verwaltungsaufwandes für den Änderungsvorschlag selbst unter Berücksichtigung von Sonderfachleuten, Gutachten usw.
- Koordination aller von der eventuellen Änderung betroffenen Bereiche zur Erstellung einer umfänglichen Bewertung des Änderungsvorschlages
- Erstellung des Bewertungsdokumentes
- Herbeiführen der Endabstimmung durch den Auftraggeber auf Basis des Bewertungsdokuments

3.4.1.4 Koordinieren der Genehmigungs- und etwaiger Zertifizierungs- und Lizensierungsverfahren

Die Projektsteuerung führt die Genehmigungs- und Zertifizierungserfordernisse koordinierend zusammen sowie plant und steuert erforderliche Anträge, einzureichende Unterlagen und einzuholende Gutachten auf Basis der in der Phase „Projektvorbereitung" erarbeiteten Grundlagen. Die Projektsteuerung muss diese Fragen zur Beantwortung an die jeweils fachlich Verantwortlichen weiterleiten und die entsprechenden Beiträge zur Abstimmung mit dem AG zusammenstellen.

3.4.1.5 Analysieren, Bewerten und Steuern der Engineering-Prozesse

Die in der Phase Basic-Engineering entwickelten und abgestimmten Engineeringprozesse sind auf das Detail-Engineering anzuwenden und entsprechend zu ergänzen.

3.4.1.6 Berücksichtigen des Inbetriebnahmekonzeptes zur Abstimmung mit dem Engineering und den HSE Anforderungen

Die Projektsteuerung veranlasst und überwacht die weitere Detaillierung des Inbetriebnahmekonzeptes durch den Konzeptaufsteller. Anhand der Genauigkeit des Basic-Engineerings sind durch den Konzeptaufsteller weitere erarbeitete Inbetriebnahmeinformationen und Randbedingungen zu berücksichtigen.

- Mechanische Fertigstellung
- Abnahmen
- PSSR (Prestartupsafety-review)
- Vorbereitung der Inbetriebnahme
- Inbetriebnahme
- Leistungs- und Funktionsprüfungen

Es ist bereits jetzt vom Konzeptaufsteller festzulegen welche Meldungen an wen und von wem zum Abschluss der Inbetriebnahmeteilphasen benötigt werden. Die Festlegungen sind beim Start des Inbetriebnahmeprozesses umzusetzen.

3.4.1.7 Überwachen der Umsetzung der Projektdokumentation

Die Projektsteuerung überwacht stichprobenhaft die Umsetzung aller festgelegten Vorgaben zur Projektdokumentation. Hierzu sind die erzeugten Engineering-Dokumente der Projektbeteiligten auf inhaltliche und redaktionelle Fehler zu überprüfen und gegebenenfalls Korrekturen einzufordern.

3.4.1.8 Mitwirken beim Risikomanagement

Die Projektsteuerung verantwortet die Initiierung der Anpassung des Risikomanagementplanes an die geänderten Rahmenbedingungen der Projektphase Detail-Engineering.

Von der Projektsteuerung sind die Ergebnisse des überarbeiteten Risikomanagementplanes und daraus neu gewonnene Risikowahrscheinlichkeiten in den Handlungsbereichen B-D zu betrachten.

3.4.1.9 Mitwirken beim HSE-Management (Health, Safety, Environment)

Die Projektsteuerung veranlasst, dass die Anforderungen aus HSE Festlegung des Auftraggebers, des Anlagenbetreibers oder projektbezogene Anforderungen unter Mitwirkung der HSE Koordination auf die in der Detail-Engineering Phase relevanten Schwerpunkte angewendet werden.

Besondere Leistungen

3.4.1.10 Mitwirken beim Stakeholdermanagement

Auf Basis des Stakeholdermanagementplanes der vorangegangenen Phasen ist es die Aufgabe der Projektsteuerung, die Kommunikation und Arbeit mit den Stakeholdern aktiv zu betreiben um auf bestehende Fragen und Erwartungen der Stakeholder direkt einzugehen. Die Projektsteuerung betreibt den Stakeholdermanagementprozess mit dem Ziel die Wiederstände gegenüber dem Projekt so gering wie möglich zu halten und berichtet in abgestimmten Zeiträumen zum Auftraggeber. Zur Kommunikation mit dem Auftraggeber und zur Verfolgung der Managementergebnisse können folgende Dokumente erarbeitet werden:

- Problemprotokoll
- Änderungsanträge
- Entscheidungen

- Informationen zur Auftraggeberorganisation und deren Änderungen
- Änderungen zu Projektdokumenten

Die Projektsteuerung erweitert oder verringert die Stakeholderliste nach jeder wesentlichen Änderung der Stakeholdersituation und bewertet die Konstellation neu. Besondere Beachtung ist der Wechselwirkung unter den Stakeholdern zu schenken.

3.4.1.11 Mitwirken bei der Umsetzung der Anforderungen aus Bauen im Bestand

Die Projektsteuerung wirkt bei der Umsetzung der Phase „Projektvorbereitung" gewonnen Erkenntnisse mit und stimmt die Anforderungen mit dem Auftraggeber ab. Die Projektsteuerung überprüft die Koordination des Engineering-Interfaces des Entscheidungs- und Änderungsmanagements um gezielt auf Abweichungen reagieren zu können. Die Vorgaben des HSE-Managements sind auf die Kompatibilität im Bestandbereich konzeptionell zu betrachten.

3.4.1.12 Projekte im Ausland

Siehe Abschn. 3.1.1.12

3.4.1.13 Betreiben und Anpassen des Projekt-Kommunikations-Management-Systems (Projektraum)

Die Projektsteuerung betreibt auf Basis von gemeinsamen Festlegungen zwischen ihm und dem Auftraggeber ein „Projekt-Kommunikations-Management-Systems".

3.4.1.14 Multiprojektmanagement – Projektsteuerung mehrerer zusammenhängender Projekte

Die Projektsteuerung steuert auf Basis der in den vorangegangenen Projektphasen festgelegten Methoden die zusammenhängenden Projekte auf Basis der Handlungsleitlinien aus den Bereichen A-E.

3.4.2 Handlungsbereich B: Qualitäten und Quantitäten

Grundlegend sind die Leistungen für die Projektsteuerung aus dem Detailed Engineering ähnlich anzusehen, wie die aus dem Basic Engineering. Es ist jedoch hervorzuheben, dass im Detailed Engineering vor allem neue, sowie deutlich detaillierte Planungsleistungen erbracht werden, wie z. B. Planungen für die Errichtung der Anlage, Inbetriebsetzungsplanungen oder auch genaue Installationsanleitungen. Ebenfalls ist der Leistungsträger des Detailed Engineering nun die ausführende Firma. Die Projektsteuerung muss gerade hier den Übergang gewährleisten und eine gleichgebliebene Qualität sicherstellen.

Grundleistungen

3.4.2.1 Abstimmen des Umfangs und des Detailierungsgrades des Detailed Engineerings, sowie der zu erarbeitenden Dokumente

Im Detail Engineering ist der Arbeitsaufwand höher anzusetzen als im Basic Engineering. Der Detailierungsgrad der zu erstellenden Dokumente wird definiert. Ebenfalls werden alle Planungsleistungen, welche im Basic Engineering noch nicht gefordert waren, aufgelistet und deren Anforderungen an Qualitäten und Quantitäten erfasst. Darüber hinaus wird aufgelistet, welche Dokumente einen höheren Detaillierungsgrad schon bearbeiteter Dokumente im Detailed Engineering aufweisen müssen. Die Anforderungen werden den Projektbeteiligten für ein einvernehmliches Verständnis mitgeteilt und bei Notwendigkeit unterschiedlicher Interpretationen zusammen mit dem Auftraggeber unter Berücksichtigung von besonderen rechtlichen Vorgaben aus Auslandsbau abgestimmt. Es wird zudem sichergestellt, dass alle gesetzlichen und projektspezifischen technischen Normen berücksichtigt werden.

3.4.2.2 Steuern der Planung im Rahmen der Methode BIM und der BIM Administration

Das Steuern der Planung im Rahmen der Methode BIM wurde bereits ausführlich im Basic Engineering beschrieben, es ist jedoch ebenfalls zu erweitern um neue Planungsleistungen aus dem Detailed Engineering. Die Projektsteuerung zeigt dem Auftraggeber vor allem den erhöhten Detaillierungsgrad, welcher aus dem Detailed Engineering entsteht, auf und berät ihn zu einer etwaigen Umsetzung im Modell. Darüber hinaus muss die Projektsteuerung jeweilige Projektbeteiligte, welche erst im Detailed Engineering involviert werden, in das erstellte BIM Modell integrieren und diesen die notwendigen Rollen und Rechte zuweisen.

3.4.2.3 Abstimmen der Qualitätsanforderungen für das Detailed Engineering

Die erhöhten Anforderungen an das Detailed Engineering werden zusammengestellt, analysiert und bewertet. Die Ergebnisse werden zwischen den Projektbeteiligten so abgestimmt, dass alle Involvierten einen gleichen und einvernehmlichen Kenntnisstand über die zu erstellenden Dokumente erlangen. Mögliche unterschiedliche Interpretationen werden zusammen mit dem Auftraggeber abgestimmt und geklärt.

3.4.2.4 Koordinieren der Erstellung des Detailed Engineerings mit allen Beteiligten und Einholen notwendiger Auftraggeberentscheidungen

Siehe Basic Engineering, jedoch mit erhöhtem Arbeitsaufwand. Darüber hinaus muss die Projektsteuerung etwaige Projektbeteiligte, welche erst im Detailed Engineering involviert werden, in die erstellten Prozesse mit einbinden und deren Aufgaben kommunizieren.

3.4.2.5 Analysieren und Bewerten der Leistungen der Planungsbeteiligten

Siehe Basic Engineering, jedoch mit erhöhtem Arbeitsaufwand. Darüber hinaus muss die Projektsteuerung etwaige Projektbeteiligte, welche erst im Detailed Engineering involviert werden, in die erstellten Prozesse mit einbinden und deren Aufgaben kommunizieren.

3.4.2.6 Erfassen und Bewerten von Lieferanten für Systemkomponenten

Es werden die auf dem Markt verfügbaren Lieferanten, welche den qualitativen Anforderungen des Auftraggebers genügen, hinsichtlich ihrer Standards zur Fertigung, Qualität und Lieferbedingungen erfasst. Die Projektsteuerung erstellt eine Bewertungsmatrix, in der die Lieferanten hinsichtlich der erforderlichen Projektstandards aufgeführt und bewertet werden. Diese wird dem Auftraggeber zur Entscheidung und Auswahl vorgelegt.

Besondere Leistungen

3.4.2.7 Steuern von Planungsänderungen inkl. Behinderungsmanagement

Etwaige Planungsänderungen werden durch die Projektsteuerung erfasst und aufgelistet. Die Änderungen werden zusammen mit dem Auftraggeber bewertet und die Auswirkungen auf die Qualitäten und Quantitäten analysiert. Nach diesem Schritt werden die Änderungen gegenüber den Projektbeteiligten kommuniziert.

3.4.2.8 Koordinieren von Planungsentscheidungen

Es werden alle offenen Punkte bezüglich der Planung durch die Projektsteuerung gesichtet und dem jeweiligen Verantwortungsbereich zugeordnet. Aus diesen wird eine Bewertungsliste erstellt und nach Prioritäten geführt. Die Projektsteuerung koordiniert diese Liste zwischen den Projektbeteiligten und unterstützt den Auftraggeber hinsichtlich einer zukünftigen Entscheidung.

3.4.2.9 Anforderungen an Zertifizierungen Einholen, Abstimmen und Koordinieren

Siehe Basic Engineering, zusätzlich weiteres Ausarbeiten des Zertifizierungskonzeptes. Die Anforderungen der zertifizierenden Stellen hinsichtlich der Qualitäten und Quantitäten an die Planung werden in einer Liste zusammengeführt und diese wird zwischen den Projektbeteiligten koordiniert. Zusätzlich wird das Abstimmen von besonderen rechtlichen Vorgaben aus Auslandsbau kommuniziert.

3.4.2.10 Prüfen der Gültigkeit von technischen Normen

Es werden die Normen und Richtlinien, welche zur Erfüllung des Detailed Engineering (und der späteren Ausführung) notwendig sind, auf ihre Relevanz überprüft. Etwaige Abweichungen zu vertraglichen Grundlagen oder auch Änderungen bzw. Neuauflagenwerden geprüft. Die Änderungen werden aufgelistet und dem Auftraggeber mit möglichen Auswirkungen, Alternativen und Lösungen zur Entscheidungsfindung vorgestellt.

3.4.2.11 Mitwirken bei der Prüfung und Freigabe der Planung

Die Projektsteuerung unterstützt den Auftraggeber bei der Erfassung aller Planungsleistungen der Projektbeteiligten und berät zu einer ersten Bewertung hinsichtlich des vertraglich „Soll". Abweichungen werden aufgezeigt und erste Lösungsansätze mit dem Auftraggeber abgestimmt.

3.4.2.12 Beraten und Festlegen des Engineering Freeze

Die Projektsteuerung fasst den terminlich definierten Stand der Projektbeteiligten, hinsichtlich des Termins des Engineering Freeze und in Abstimmung mit dem Rahmenterminplan zusammen. Abweichungen vom „Soll" werden in einer Bewertungsmatrix bezogen auf etwaige Vor- und Nachteile zu einem bestimmten Stichtag zusammengefasst. Darüber hinaus werden die möglichen Konsequenzen in quantitiver und qualitiver Hinsicht, besonders die durch mögliche auftraggeberseitige Planungsänderungen, aufgezeigt und dem Auftraggeber zur Entscheidung vorgelegt.

3.4.2.13 Koordinieren und Erfassen von Quantitäten und Qualitäten zur Umsetzen einer Nachhaltigkeitsstrategie

Siehe Abschn. 3.2.2.7, jedoch mit erhöhtem Arbeitsaufwand. Darüber hinaus muss die Projektsteuerung etwaige Projektbeteiligte, welche erst im Detailed Engineering involviert werden, in die erstellten Prozesse mit einbinden und deren Aufgaben kommunizieren.

3.4.2.14 Klären und Erfassen landesspezifischer Einflussgrößen, z. B. Normen, Zertifizierungen, HSE

Siehe Abschn. 3.2.2.8, jedoch mit erhöhtem Arbeitsaufwand

3.4.2.15 Prüfung spezieller Anforderungen von Normen und Zertifizierungen im Ausland

Siehe Abschn. 3.3.2.12 und Abschn. 3.4.2.14, erweitert um Prüfung spezieller Anforderungen an die Zertifizierung.

3.4.3 Handlungsbereich C: Kosten und Finanzierung

Grundleistungen

3.4.3.1 Kostensteuerung zur Einhaltung des Budgets

Im Rahmen des Detailed Engineering sind die Engineeringkosten kontinuierlich zu überprüfen und an der Einhaltung des Budgets mitzuwirken. Dabei sollten die Kosten möglichst zeitnah zum jeweiligen Ressourceneinsatz überprüft werden. Der Einsatz der Planungsressourcen kann so frühzeitig und kontinuierlich gesteuert werden.

Eine entsprechende Vorgabe gilt, wenn während der Phase des Detailed Enginneering bereits Ausführungsleistungen erbracht werden. Auch hier werden eventuelle Kosten überprüft und erforderlichenfalls die dafür zuständigen internen Verantwortlichen eingeschaltet.

Dabei ist es Leitgedanke, nach Alternativen bzw. Änderungen zur Kostenoptimierung zu suchen. Nach Vergabe der Leistung an den oder die Hauptauftragnehmer (inklusive Beauftragung des Detailed Engineerings) sind die Gestaltungsspielräume zur Kostenoptimierung stark eingeschränkt, da hier die Gestaltungsfreiheit des GUs im Gegensatz zu den Einflussmöglichkeiten des Auftraggebers steht. Gestaltungsspielräume ergeben sich somit lediglich im Einklang mit den Vorgaben des GU-Vertrages.

Im Interesse des Auftraggebers, besteht die Aufgabe die Projektsteuerung daher in der Beschränkung des Claimvolumens, wozu die Voraussetzungen aber im Basic Engineering sowie in der Vorbereitung und Durchführung der Vergabe geschaffen sein müssen.

Die Projektsteuerung wendet diesbezüglich die Regelungen der Verträge an und hat die entsprechenden Budgets für Planung und ggf. Ausführung zu erfassen und gegenüber dem Auftraggeber darzustellen und zusammenzufassen.

3.4.3.2 Steuern von Mittelbedarf und Mittelabfluss

Im Zuge der Kostenplanung und -steuerung ist der Mittelbedarf und der Mittelabfluss zu überprüfen. Gegenstand der Mittelbedarfs- und Abflussplanung ist die Zuordnung voraussichtlicher Zahlungen, erteilter und künftiger Aufträge zum Projektablauf. Der Auftraggeber muss daraus erkennen können, welche Zahlungsmittelbeträge abschnittsweise bereitzustellen sind, um den Fortgang des Projektes durch ausreichende Liquidität sicherzustellen. Dies hat kontinuierlich parallel zur Kostensteuerung zu erfolgen.

Anhand der Steuerungsablaufpläne für die Planung und Ausführung kann der voraussichtliche Planungs- und Projektfortschritt ermittelt werden. Ihm sind ferner der Beginn, der Abschluss von Teilleistungen und die Beendigung der Arbeiten einzelner Planungsphasen und Gewerke zu entnehmen. Mit Abschluss der Verträge, ergeben sich zusätzlich die voraussichtliche Höhe der jeweiligen Rechnungsbeträge und die zu erwartenden Zeitpunkte der Zahlungen.

Wird zu Beginn des Projekts die Verteilung des Budgets geplant, sind jetzt in der Phase des Detailed Engineering der Mittelabfluss für Planung und Ausführung zu kontrollieren und Mittelbedarfsspitzen abzufangen. Die Mittelbedarfe sind mit der Mittelbereitstellung auf Konsistenz zu überprüfen und dem Auftraggeber ist darüber Bericht zu erstatten. Erforderlichenfalls schaltet die Projektsteuerung die Verantwortlichen internen Abteilungen, beispielsweise die Einkaufsabteilung, ein. Dabei überprüft die Projektsteuerung, soweit vorhanden, auch die entsprechenden Bestelldokumente der Einkaufssysteme, beispielsweise die SAP-Bestellung.

3.4.3.3 Überprüfen und Freigabevorschläge bzgl. der Rechnungen der Projektbeteiligten zur Zahlung

Die kaufmännische Prüfung eingehender Rechnungen ist hinsichtlich der vereinbarten vertraglichen Regelungen durch die Projektsteuerung zu überprüfen. Auf Basis dieser Überprüfungen sind Freigaben für Zahlungen an die Vertragspartner vorzuschlagen.

3.4.3.4 Vorgeben von Deckungsbestätigungen für Nachträge

Wie für Hauptaufträge, sind auch für geprüfte und genehmigte Nachträge Deckungsbestätigungen einzuholen. Diese holt die Projektsteuerung, in Absprache mit den jeweiligen Auftraggeberabteilungen ein und gibt im Anschluss der Freigabe dieses an den jeweiligen Projektbeteiligten weiter.

3.4.3.5 Fortschreiben der projektspezifischen Kostenverfolgung (kontinuierlich)

Die Kostenverfolgung ist entlang des gesamten Projektes kontinuierlich fortzuschreiben und anzupassen. Dabei ist ein System der mitlaufenden Kalkulation anzustreben. Dieser

Grundsatz gilt genauso für die Phasen des Detailed Engineerings und der Ausführung. Dabei ist zu berücksichtigen, dass bei fortschreitendem Planungsstand nicht nur die Kosten der Planung an sich, sondern auch die Auswirkungen des Detailed Engineering in den einzelnen Gewerken kostenmäßig zu überprüfen sind. Die einzelnen Budgets wie auch das Gesamtbudget sind entsprechend kontinuierlich zu überprüfen.

Besondere Leistungen

3.4.3.6 Prüfen der Rechnungen der ausführenden Unternehmen

Die Prüfung von Rechnungen der Unternehmen stellt eine verantwortungsvolle Aufgabe dar. Diese Prüfung der Rechnung umfasst die sachliche Richtigkeit, weswegen die Rechnung gegen den tatsächlichen Leistungsfortschritt zu prüfen ist. Dies setzt notwendig die Erfassung der Leistungen und den Abgleich mit der Abrechnung nach Maßgabe durch die Projektsteuerung voraus. Die Projektsteuerung führt dieses, bis zu einer mit dem Auftraggeber bestimmten Summe, durch. Hierzu gehört es, die vertraglichen Regelungen anzuwenden und entsprechende Empfehlungen an den Auftraggeber (je nach Ergebnis der Prüfung) zu formulieren.

3.4.4   Handlungsbereich D: Termine, Kapazitäten und Logistik

Grundleistungen

3.4.4.1 Fortschreiben des Rahmenterminplans für das Gesamtprojekt

Nach Abschluss der wesentlichen Vergaben an die Auftragnehmer, insbesondere den Hauptauftragnehmer, ist der Rahmenterminplan in Abstimmung mit diesen Auftragnehmern von der Projektsteuerung fortzuschreiben. Ein Abgleich findet insbesondere mit der jeweils aktualisierten Projekt-Schnittstellenliste und dem gesamtheitlichen Steuerterminplan statt.

3.4.4.2 Fortschreiben und ggf. Verfeinern der Projektschnittstellenliste

Aufgrund der erreichten Vergabesituation schreibt die Projektsteuerung die Schnittstellenliste im Abgleich mit den tatsächlichen Vergabeumfängen fort. Gegebenenfalls ist die Liste auf dieser Basis weiter zu verfeinern.

3.4.4.3 Aufstellen, Abstimmen, Verfolgen und Fortschreiben eines gesamtheitlichen Steuerterminplans für die Phase des Detailed Engineering und der nachfolgenden Phasen unter Einbeziehung der Terminplanung der Auftragnehmer sowie Verifizierung des Steuerterminplans mittels kapazitativer Betrachtungen

Bereits in der Phase des Basic Engineering hat die Projektsteuerung einen Steuerterminplan für die Phasen der Ausschreibung und Vergabe und des Detailed Engineering (Herstellung des Pflichtenheftes) angefertigt und diesen in der Ausschreibungs- und Vergabephase fortgeschrieben. Die Projektsteuerung verfolgt diesen Teil des gesamtheitlichen Steuerterminplans weiter und schreibt ihn fort.

In enger Abstimmung mit den nunmehr beauftragten Auftragnehmern entsteht der Steuerterminplan für die Phasen der Ausführung und des Projektabschlusses. Hierzu liefern die Auftragnehmer entsprechend den in ihren Verträgen vorgesehenen Regelungen eine Terminplanung für ihren Leistungsteil inkl. Schulungen. Aufgrund der ebenfalls in den Verträgen vorgegebenen Strukturen ist es für die Projektsteuerung möglich, diese Einzelterminpläne in einem gesamtheitlichen Steuerterminplan für das Gesamtprojekt zusammenzuführen. Hierzu gehört auch der detaillierte Terminplan für die Eigenleistungen des Auftraggebers, der vom Projektmanager gesondert erzeugt wird.

Die zusammengeführten Einzelterminpläne der Auftragnehmer und der Eigenleistungen des Auftraggebers werden auf Überschneidungen und Unstimmigkeiten von der Projektsteuerung überprüft und in Abstimmung und Koordination mit den Stellen des Auftraggebers und den beteiligten Auftragnehmern abgeglichen. Die von den Auftragnehmern eingereichten Steuerterminpläne ihres Leistungsteils werden von der Projektsteuerung ergänzend mittels stichprobenweiser, kapazitativer Betrachtung verifiziert.

3.4.4.4 Verfolgen, Fortschreiben und Steuern eines detaillierten Terminplans für die Eigenleistungen des Auftraggebers

Der bereits in der Ausschreibungs- und Vergabephase aufgestellte, detaillierte Terminplan für die Eigenleistungen des Auftraggebers wird von der Projektsteuerung aufgrund der jeweils aktuellen Erkenntnisse aus dem Detailed Engineering fortgeschrieben. Änderungen werden regelmäßig mit den beteiligten Stellen des Auftraggebers und weiteren involvierten Projektbeteiligten abgestimmt.

3.4.4.5 Kontrollieren der Terminplanung der Auftragnehmer im Abgleich zum gesamtheitlichen Steuerterminplan und Koordination der Auftragnehmer zur Behebung von Unstimmigkeiten

Entsprechend den vertraglichen Regelungen sollten die Auftragnehmer nicht nur einmalig zur Aufstellung des Steuerterminplans für die Phasen der Ausführung und des Projektabschlusses eine eigene Terminplanung einreichen. Vielmehr sollte diese auftragnehmerseitige Terminplanung regelmäßig und in kurzen Abständen fortgeführt und fortgeschrieben werden. Die Projektsteuerung erhält solche aktualisierte Terminplanung zu den in den Verträgen vorgegebenen Zeitpunkten und integriert diese in den gesamtheitlichen Steuerterminplan. Werden hierbei Unstimmigkeiten zu vorgegebenen Terminen oder zu den Terminplanungen anderer Auftragnehmer erkannt, so koordiniert die Projektsteuerung die beteiligten Auftragnehmer zur Herbeiführung eines geordneten und zielgerichteten Terminablaufs.

3.4.4.6 Terminsteuerung des Detailed Engineering

Auf Grundlage des aktuellen Steuerterminplanes koordiniert und steuert die Projektsteuerung die Aktivitäten der Phase des Detailed Engineering.

3.4.4.7 Aktualisieren der Erfassung logistischer Einflussgrößen

Mit Fortschritt des Detailed Engineering werden in aller Regel detailliertere und weitergehende Erkenntnisse im Hinblick auf die Projektlogistik gewonnen. Von der Projektsteuerung werden solche Erkenntnisse regelmäßig erfasst und der Aktualisierung der Terminpläne unterlegt. Gegebenenfalls sind Abstimmungen zwischen den beteiligten Stellen des Auftraggebers und verschiedenen Auftragnehmern herbeizuführen.

Besondere Leistungen

3.4.4.8 Aufstellen und Abstimmen von besonderen Stillstandsplanungen mit zugehörigen Kapazitätsplanungen auf Grundlage der Planungen der Projektbeteiligten sowie Einbeziehung in den gesamtheitlichen Steuerterminplan

Zu Beginn der Phase des Detailed Engineering sind die wesentlichen Vergaben an den Hauptauftragnehmer und gegebenenfalls weitere Auftragnehmer erfolgt. Die mit dem Rahmenterminplan und den Vertragsterminplänen vorgegebenen Zeiten für Unterbrechungen und Stillstände des Betriebes des Auftraggebers sind mit den vertraglich verpflichteten Auftragnehmern von der Projektsteuerung nunmehr terminlich auszuplanen.

Die Projektsteuerung fordert dazu gesonderte Stillstandplanungen der Auftragnehmer unter Berücksichtigung der vertraglich vorgegebenen Rahmenbedingungen ein und integriert diese in einen Gesamtstillstandsplan. Für eine genaue Aufnahme des bestehenden Zustandes als Grundlage der Terminplanung ist den Auftragnehmern hinreichend Zeit einzuräumen. Dieser Plan wird wiederum mit dem Steuerterminplan in Abgleich gebracht. Zur Verifizierung der Realisierbarkeit der Stillstandsplanungen überprüft die Projektsteuerung die von den Auftragnehmern abgeforderten und gelieferten Kapazitätsplanungen für die Stillstandszeiten auf Plausibilität und Machbarkeit.

3.4.4.9 Abstimmen und Aufstellen eines gesonderten Terminplans für Fertigungskontrollen des Auftraggebers

Der Hauptauftragnehmer und weitere Auftragnehmer werden Bauteile, die zu ihrem Lieferumfang gehören, gegebenenfalls bei Sublieferanten bestellen und von diesen fertigen und anliefern lassen. Andere Bauteile werden bei den Auftragnehmern (insbesondere bei dem Hauptauftragnehmer) in Eigenregie gefertigt, was aber wiederum in internationalen Fertigungsstätten geschehen kann. Vor Anlieferung wesentlicher Bauteile wird der Auftraggeber die Qualität und Funktionsfähigkeit am jeweiligen Produktionsstandort überprüfen wollen.

Von der Projektsteuerung wird ein gesonderter Terminplan erstellt, der den Ablauf solcher Fertigungskontrollen vorgibt und aufgrund seiner Anbindung an den gesamtheitlichen Steuerterminplan eine zeitgerechte Anlieferung der Bauteile auf der Projektbaustelle vorsieht. Pufferzeiten für vom Auftraggeber geforderte Nacharbeiten und Qualitätsverbesserungen sind in hinreichendem Maße einzuplanen.

3.4.4.10 Abstimmen und Aufstellen von alternativen Abläufen auf Grundlage der Angaben von Projektbeteiligten und Herausarbeitung der Vor- und Nachteile

Sofern Projektbeteiligte, insbesondere die Auftragnehmer, Alternativen zum bisherigen Steuerterminplan für sinnvoll oder erforderlich erachten, sind solche alternativen Abläufe von der Projektsteuerung zu analysieren und den bisherigen Planungen gegenüberzustellen. Die Vor- und Nachteile sind zu dokumentieren und dem Auftraggeber zur Entscheidung vorzulegen.

3.4.4.11   Regelmäßiges Abstimmen des gesamtheitlichen Steuerterminplans mit der SiGe-Koordination

Zur regelgerechten Berücksichtigung aller Sicherheitsbelange stimmt die Projektsteuerung den Steuerterminplan mit der vom Auftraggeber beauftragten SiGe-Koordination ab. Zur Vorbereitung solcher Abstimmungen kann gegebenenfalls eine grafische Umsetzung des Steuerterminplans dienen, aus der hervorgeht, in welchen Regionen des Projektes welche Arbeiten jeweils gleichzeitig durchgeführt werden.

3.4.4.12   Mitwirken an der Weiterentwicklung des Logistikkonzeptes
Siehe Abschn. 3.3.4.12

3.4.4.13   Klären besonderer logistischer Maßnahmen im Abgleich mit öffentlichen Belangen sowie Anlieger- und Nachbarschaftsinteressen
Siehe Abschn. 3.3.4.13

3.4.4.14   Klären logistischer Maßnahmen im Abgleich mit besonderen Anforderungen im Ausland
Siehe Abschn. 3.3.4.14

3.4.5   Handlungsbereich E: Verträge und Versicherungen

Grundleistungen

3.4.5.1 Mitwirken bei der Durchsetzung von Vertragspflichten gegenüber den Beteiligten in der Engineeringphase

Die Projektsteuerung ergänzt ihre oben unter Abschn. 3.2.5.1 beschriebene Funktion im Rahmen des Detail-Engineering durch das Veranlassen entsprechender Prozesse zur Kontrolle der Vertragspflichten und durch geeignete Dokumentation der Leistungen der beauftragten Unternehmer. Bei Abweichungen hat die Projektsteuerung insbesondere die Projektjuristen einzuschalten, um für eine Durchsetzung erforderlichenfalls auch auf rechtlicher Ebene zu sorgen.

3.4.5.2 Mitwirken bei der eventuellen Modifizierung der rechtlichen Engineeringvorgaben

Die Projektsteuerung hat auf Basis der abgeschlossenen Verträge die Erkenntnisse aus den einschlägigen Genehmigungsverfahren von den fachlich Beteiligten auswerten zu lassen. Sie hat weiter die entsprechenden rechtlichen Planungsvorgaben im Rahmen des Detailed Engineering erforderlichenfalls zu überprüfen und auf eine Anpassung der Verträge hinzuwirken.

Diese Fortschreibung der Planungsaufgaben auf Basis der Erkenntnisse der vorhergehenden Projektphasen ist für den Gesamtprojekterfolg essenziel, werden doch gerade in der Planungsphase und der Ausführungsvorbereitung wesentliche Grundentscheidungen überprüft und getroffene grundsätzliche Vorgaben detailliert. Dies führt zu einer notwendigen Überprüfung und Modifizierung der Vertragsgrundlagen, damit die Erkenntnisse entsprechend umgesetzt werden. Diesen Prozess der Vertragskontrolle und ggf. Vertragsanpassung hat die Projektsteuerung zu initiieren.

3.4.5.3 Mitwirken beim Claim-Management

Im Rahmen der Projektphase der Ausschreibung und Vergabe ist das Claim-Management vorbereitet worden. Es geht im Rahmen des Detailed Engineering und später auch im Rahmen der Ausführung nun darum, die Ansprüche („Claims") einer geordneten, „managementmäßigen" Bearbeitung zuzuführen.

Auf Basis der definierten Randbedingungen ist es Aufgabe der Projektsteuerung, dieses Claim-Management sicherzustellen, interne und externe Prozesse und Zuständigkeiten zu organisieren und auf die entsprechende Bearbeitung hinzuwirken. Dazu gehört eine geeignete Erfassung der Claims. Dabei hat sich die Projektsteuerung der jeweiligen fachlichen beteiligten Disziplinen zu bedienen.

Dies umfasst auch die Veranlassung von Prozessen zur Bearbeitung dieser Themen und zwar sowohl in technischer als auch in rechtlicher Hinsicht durch die jeweils zuständigen Projektbeteiligten. Die Projektsteuerung hat auch im Sinne einer Budgetfortschreibung die jeweilige vergütungs- bzw. kostenmäßige Bewertung im Rahmen des Claim-Managements zu erfassen und fortzuschreiben. Dabei ist die Projektsteuerung nicht die Rechtsberatung des Auftraggebers, sie organisiert die rechtlich erforderlichen Prozesse. Die Einschaltung entsprechend versierter Fachleute bleibt Aufgabe des Auftraggebers.

Besondere Leistungen

3.4.5.4 Koordinieren der versicherungsrelevanten Schadensabwicklung

Eine besondere Aufgabe der Projektsteuerung ist die Koordination und damit Unterstützung der jeweiligen versicherungstechnischen Vorgaben des Projekts. Die Projektsteuerung hat die entsprechenden Schadensfeststellungen, soweit erforderlich, zu initiieren und die mit den Versicherungssachverhalten betrauten Projektverantwortlichen zu informieren und zur entsprechenden Abwicklung anzuhalten. Die Projektsteuerung wird die Ergebnisse der Schadensabwicklung listenmäßig zusammentragen.

3.4.5.5 Veranlassen von Analyse und Bewertung erteilter
Genehmigungen und anderer behördlicher Entscheidungen,
Mitwirken bei der Umsetzung

Die Genehmigungen im Rahmen eines Anlagenbauprojekts, insbesondere die BImSchG-Genehmigungen, die Erlaubnisse nach Wasserhaushaltsrecht und erforderliche

Zertifizierungen, sind essenzielle Projektvoraussetzungen. Als besondere Leistung veranlasst die Projektsteuerung die Analyse und Bewertung der erteilten Genehmigungen inklusive der Planfeststellungsbeschlüsse und anderer behördlicher Entscheidungen, wie beispielsweise Nebenbestimmungen in Form von Bedingungen oder Auflagen sowie sonstigen Vorgaben der Behörden. Im Rahmen dessen veranlasst die Projektsteuerung die entsprechende Überprüfung und informiert die Projektbeteiligten über notwendige rechtliche Anpassungen von Verträgen. Soweit fachlich in der Hand der Projektsteuerung, hat diese bei der Umsetzung von Nebenbestimmungen mitzuwirken oder sonst die Umsetzung entsprechend zu veranlassen. Dies betrifft auch die Organisation eines eventuell notwendigen Rechtschutzes gegen nachteilige behördliche Entscheidungen, hinsichtlich derer die Projektsteuerung entsprechende Maßnahmen über den Auftraggeber zu veranlassen hat.

3.5   Projektstufe 5: Ausführung

3.5.1   Handlungsbereich A: Organisation, Information, Integration und Genehmigungen

Grundleistungen

3.5.1.1 Bewerten der laufenden Prozesse auf Basis der Zielvorgaben

Die Zielsetzungen sind in den Schwerpunkten Kosten und Termine mit den Projektvorgaben zu verifizieren und auf Abweichungen und entstehende Konsequenzen aus Abweichungen zu betrachten.

3.5.1.2 Umsetzen der Organisationsregeln und der Projektstrukturplanung

Die in der Projektvorbereitungsphase entwickelten und abgestimmten Organisationsregeln sind auf ihre konsequente Umsetzung zu überprüfen und mögliche Vereinfachungen sind in Abstimmung mit dem Auftraggeber und den Projektbeteiligten durchzuführen.

Kommenden Anpassungen der Ablauf- und Aufbauorganisation im Hinblick auf sich verändernden Anforderungen der Leistungserbringer, Behörden und ausführender Unternehmen sind durch die Projektsteuerung zu berücksichtigen.

3.5.1.3 Koordinieren des Entscheidungs- und Änderungsmanagements

Die Projektsteuerung berücksichtigt bei der Koordination die in der Phase Projektvorbereitung abgestimmten Grundlagen.

Entscheidungsmanagement

Im Projektverlauf obliegt es der Projektsteuerung Entscheidungsbedarf zu erkennen und die Vorgänge zur Entscheidungsvorbereitung zu veranlassen. Unter Berücksichtigung der

Aufbauorganisation des Projektes und der Entscheidungsbefugnisse sind folgende Schwerpunkte aktiv zu koordinieren:

- Gegenstand der Entscheidung und einzubindende Projektmitglieder bei der Vorbereitung der Entscheidung
- Hauptverantwortlicher der Entscheidung und einzubindende Projektmitglieder bei Auswirkung auf deren Handlungsbereich
- Zeitliche Priorität der Entscheidung und spätester möglicher Entscheidungszeitraum
- Darstellung der Alternativen und der jeweiligen Konsequenzen in Bezug auf den Projektverlauf

Besondere Berücksichtigung soll die Betrachtung der Entscheidungsträger mit den Entscheidungskriterien und deren Verhältnis zueinander finden. Ebenfalls müssen Abhängigkeiten von zu treffenden Entscheidungen zueinander und Wechselwirkungen zwischen den Alternativen Berücksichtigung finden.

Änderungsmanagement
Die Projektsteuerung koordiniert das Änderungsmanagement, indem sie den implementierten Prozess betreut und folgende Schwerpunkte ablaufgerecht steuert:

- Überprüfung des Änderungsvorschlages mit dem Einreicher und den dem Engineeringpartner
- Vorstellen und Erläutern der Arbeitsergebnisse gegenüber dem Auftraggeber
- Herbeiführen der Entscheidung zur Annahme, Ablehnung oder zur weiteren Untersuchung des Änderungsvorschlages
- Genauere Betrachtung des Änderungsvorschlages unter Beachtung aller Rahmenbedingungen, Konsequenzen, Eignungen
- Beachtung des Verwaltungsaufwandes für den Änderungsvorschlag selbst unter Berücksichtigung von Sonderfachleuten, Gutachten usw.
- Koordination aller von der eventuellen Änderung betroffenen Bereiche zur Erstellung einer umfänglichen Bewertung des Änderungsvorschlages und zur Erstellung des Bewertungsdokumentes
- Herbeiführen der Endabstimmung durch den Auftraggeber auf Basis des Bewertungsdokuments

3.5.1.4 Koordinieren der Genehmigungs- und etwaiger Zertifizierungs- und Lizensierungsverfahren

Die Projektsteuerung führt die Genehmigungs- und Zertifizierungserfordernisse koordinierend zusammen. Dabei werden erforderliche Anträge und Abnahmen, einzureichende Unterlagen und einzuholende Gutachten auf Basis der in der Phase „Projektvorbereitung" erarbeiteten Grundlagen geplant und gesteuert. Die Projektsteuerung muss diese Fragen zur Beantwortung an die jeweils fachlich Verantwortlichen weiterleiten und die entsprechenden Beiträge zur Abstimmung mit dem AG zusammenstellen.

3.5.1.5 Analysieren, Bewerten und Steuern der Engineering-Prozesse

Während der Ausführungsphase werden durch die Projektsteuerung notwendige Engineering-Leistungen terminlich überwacht und Abstimmungen zu Ausführungsfragen zwischen den Vertragspartnern koordiniert. Ergebnisse von Sachverständigen und Expertengutachen sind an den Auftraggeber weiterzuleiten.

3.5.1.6 Initiieren und Überwachen des Inbetriebnahmeprozesses

Die Projektsteuerung übernimmt in Zusammenarbeit mit dem Auftraggeber die Initialisierung des Inbetriebnahmeprozesses. Hierzu gehören folgende Schritte:

- Abstimmung der Organisation
- Erstellung des Inbetriebnahmeplanes auf Basis des Inbetriebnahmekonzeptes
- Schnittstellenmatrix, Terminplan
- Erstellung der Beteiligtenmatrix

Die Projektsteuerung überwacht die Umsetzung der Vorgaben aus dem Inbetriebnahmeplan und bereitet die Durchführung der erforderlichen Abnahmen vor.

3.5.1.7 Überwachen der Umsetzung der Projektdokumentation

Die Projektsteuerung überwacht stichprobenhaft die Umsetzung aller festgelegten Vorgaben zur Projektdokumentation. Hierzu sind die erzeugten Engineering-Dokumente der Projektbeteiligten auf inhaltliche und redaktionelle Fehler zu überprüfen und gegebenenfalls Korrekturen einzufordern.

3.5.1.8 Mitwirken beim Risikomanagement

Die Projektsteuerung verantwortet die Initiierung der Anpassung des Risikomanagementplanes an die geänderten Rahmenbedingungen der Projektphase Ausführung.

Von der Projektsteuerung sind die Ergebnisse des überarbeiteten Risikomanagementplanes und daraus neu gewonnene Risikowahrscheinlichkeiten in den Handlungsbereichen B-D zu betrachten.

3.5.1.9 Mitwirken beim HSE-Management (Health, Safety, Environment)

Die Projektsteuerung überwacht die für die Umsetzung der HSE Anforderungen erforderlichen Maßnahmen und unterstützt den Auftraggeber bei der Durchsetzung der diesbezüglichen Projektanforderungen. Folgende Positionen können in der Ausführungsphase entsprechend den Vorgaben des Auftraggebers erforderlich werden:

- HSE-Koordinator
- Sicherheitsfachkraft
- Sicherheitspaten (wenn vorhanden)
- Sicherheitskoordinator
- Sicherheits- und Gesundheitsschutzkoordinator (SiGeKo)

Die Umsetzung der Anforderungen aus Arbeitsschutz und Umweltschutz sind elementarer und nicht delegierbarer Bestandteil der Aufgaben des Auftraggebers.

Besondere Leistungen

3.5.1.10 Mitwirken beim Stakeholdermanagement

Auf Basis des Stakeholdermanagementplanes der vorangegangenen Phasen besteht die Aufgabe der Projektsteuerung darin, die Kommunikation und Arbeit mit den Stakeholdern aktiv zu betreiben und auf bestehende Fragen und Erwartungen der Stakeholder direkt einzugehen. Die Projektsteuerung betreibt den Stakeholdermanagementprozess mit dem Ziel die Wiederstände gegenüber dem Projekt so gering wie möglich zu halten und erstattet in abgestimmten Zeiträumen dem Auftraggeber Bericht. Zur Kommunikation mit dem Auftraggeber und zur Verfolgung der Managementergebnisse können folgende Dokumente erarbeitet werden:

- Problemprotokoll
- Änderungsanträge
- Entscheidungen
- Informationen zur Auftraggeberorganisation und deren Änderungen
- Änderungen zu Projektdokumenten

Die Projektsteuerung erweitert oder verringert die Stakeholderliste nach jeder wesentlichen Änderung der Stakeholdersituation und bewertet die Konstellation neu. Besondere Beachtung ist der Wechselwirkung unter den Stakeholdern zu schenken.

3.5.1.11 Mitwirken bei der Umsetzung der Anforderungen aus Bauen im Bestand

Die Projektsteuerung wirkt bei der Umsetzung der aus der Phase „Projektvorbereitung" gewonnen Erkenntnisse mit und stimmt die Anforderungen mit dem Auftraggeber ab. Dabei wird die Koordination des Entscheidungs- und Änderungsmanagements überprüft, um gezielt auf Abweichungen des Bestandes in der Ausführungsphase reagieren zu können. Die Vorgaben des HSE-Managements sind auf die Kompatibilität im Bestandbereich konzeptionell zu betrachten.

3.5.1.12 Projekte im Ausland
Siehe Abschn. 3.1.1.12

3.5.1.13 Betreiben und Anpassen des Projekt-Kommunikations-Management-Systems (Projektraum)

Die Projektsteuerung betreibt auf Basis von gemeinsamen Festlegungen zwischen ihm und dem Auftraggeber ein „Projekt-Kommunikations-Management-Systems". Die Projektsteuerung trägt dem erhöhtem Kommunikationsbedarf und der Verknüpfung von

Construction-Dienstleistern mit dem PKMS Rechnung, indem die vertragsgemäß nötigen Ressourcen zum Key-Account und administrative Dienstleistungen vorsieht und den Bedarf zum Auftraggeber kommuniziert wird.

3.5.1.14 Multiprojektmanagement – Projektsteuerung mehrerer zusammenhängender Projekte

Die Projektsteuerung steuert auf Basis der in den vorangegangenen Projektphasen festgelegten Methoden die zusammenhängenden Projekte auf Basis der Handlungsleitlinien aus den Bereichen A-E.

3.5.2 Handlungsbereich B: Qualitäten und Quantitäten

Grundleistungen

3.5.2.1 Verfolgen und Steuern der Überwachung von Produktion und Montage

Die Projektsteuerung überprüft, angepasst auf die jeweils vorliegende Unternehmereinsatzform, die Objektüberwachung auf die Erfüllung ihrer vertraglich geschuldeten Aufgaben. Zu den Aufgaben der Projektsteuerung in kosten- und terminrelevanter Hinsicht sei hier auf die bezüglichen Handlungsbereiche verwiesen.

Darüber hinaus prüft die Projektsteuerung die ausreichende personelle Präsenz der Objektüberwachung auf der Baustelle im Hinblick auf eine ausreichende Koordination der tätigen Firmen. Anhand von Baubesprechungsprotokollen, Terminplänen, Schriftverkehr mit Firmen, Rechnungen etc. überprüft die Projektsteuerung die Tätigkeit der Objektüberwachung und informiert den Auftraggeber rechtzeitig darüber, falls Leistungs- und damit Vertragsdefizite vorliegen, damit diese mit der Objektüberwachung zielorientiert besprochen und abgestellt werden können.

Die Projektsteuerung überprüft die Objektüberwachung stichprobenartig in ihren Aufgaben. Die Überprüfung erfolgt einerseits bezüglich der konsequenten Anwendung der vereinbarten Vorgehensweise und andererseits in ihrer Durchsetzungsfähigkeit im Hinblick auf die ausführenden Firmen zur möglichst weitest gehenden Vermeidung von Mängeln. Hierzu nimmt die Projektsteuerung regelmäßig (mindestens monatlich) und nach Erfordernis an Baustellenterminen teil. Darüber hinaus steht es dem Projektsteuerer frei, geeignete Gesprächsrunden mit der Objektüberwachung (außerhalb der Baubesprechungen mit den Firmen) zu vereinbaren.

3.5.2.2 Beraten und Abstimmen von Anpassungsmaßnahmen bei Gefährdung von Projektzielen in Bezug auf Quantitäten und Qualitäten

Sofern die Projektsteuerung die Gefährdung eines oder mehrerer Projektziele erkennt, werden dem Auftraggeber Handlungsalternativen, Auswahlkriterien sowie unmittelbare Konsequenzen des/der erkannten Gefährdung aufgezeigt, um Entscheidungen des Auftraggebers zum Entgegenwirken herbeizuführen und diese dann mit den betreffenden Projektbeteiligten abzustimmen.

3.5.2.3 Mitwirken beim Claim-Management

Die Projektsteuerung unterstützt das Claim-Management, indem sie die quantitativen und qualitativen Auswirkungen zusammenfasst und diese dem Auftraggeber einschließlich einer eigenen Bewertung zur Entscheidung vorlegt werden sowie ggfs. die Entscheidung des Auftraggebers zurück kommuniziert wird. Es kann u.U. sinnvoll sein, dass die Projektsteuerung eine Liste der Claims sowie der bezüglichen Entscheidungen des Auftraggebers führt.

3.5.2.4 Mitwirken bei der Erstellung und Aufstellung von Mängellisten

Die Projektsteuerung wirkt bei der Erstellung und Aufstellung von Mängellisten mit. Dabei werden in Zusammenarbeit mit den Projektbeteiligten Mängellisten veranlasst und in einer Projekt-Mängelliste zusammenführt, welche in „Abnahme hindernd" und „nicht hindernd" unterteilt ist. Anschließend wird eine eigene Bewertung dem Auftraggeber zur Entscheidung vorlegt sowie ggfs. die Entscheidung oder Bewertung des Auftraggebers zurück kommuniziert. Mängellisten dokumentieren neben dem eigentlichen Mangel auch dessen jeweiliges Mängelbeseitigungskonzept, dessen Status sowie die Akzeptanz des Auftraggebers.

3.5.2.5 Überwachen der Durchführung von FAT

Die Projektsteuerung überwacht die Durchführung von sogenannten FATs (Factory Acceptance Tests), durch kontinuierliche Feststellung, ob, wann und mit welchem Ergebnis FATs durchgeführt werden. FATs, deren Resultate nicht den Projektbedingungen und Projektvorgaben genügen bzw. entsprechen, werden von der Projektsteuerung in Abweichungsanalysen und Trendberechnungen überführt, erfasst und dem Auftraggeber mitteilt.

3.5.2.6 Überwachen der Einhaltung von HSE-Vorgaben im HSE-Management sowie in Notfallplänen

Die Projektsteuerung überwacht die Einhaltung von HSE-Vorgaben im HSE-Management und in Notfallplänen sowie dokumentiert die Abweichungen in Abweichungsanalysen und Trendberechnungen, welche anschließend dem Auftraggeber schriftlich mitteilt werden.

Besondere Leistungen

3.5.2.7 Steuern von Zertifizierungsprozessen

Die Projektsteuerung steuert zielgerecht die Zertifizierungsprozesse, welche in der Phase der Projektvorbereitung festgelegt wurden, indem die Einhaltung der Prozesse sowie der Ergebnisse bezüglich Quantitäten und Qualitäten überwacht, analysiert und bewertet werden. Im Rahmen der Überwachung erstellt die Projektsteuerung Abweichungs- und Trendanalysen, analysiert diese dann hinsichtlich der Einhaltung von Projektvorgaben und -zielen und erstellt für den Auftraggeber Handlungsempfehlungen.

3.5.2.8 Koordinieren der Werkspakete (bei Einzelvergabe)

Die Projektsteuerung koordiniert die Ausführung aller Werkspakete, indem die Inhalte der Pakete sowie die Prozesse zur Abstimmung der Ausführung der Pakete unter Einbeziehung der betroffenen Projektbeteiligten und unter Berücksichtigung aller Sachverhalte aufeinander abstimmt und miteinander in Einklang gebracht werden.

3.5.2.9 Mitwirken an (Teil)-Abnahmen

Die Projektsteuerung fasst die Ergebnisse von (Teil)-Abnahmen in Zusammenarbeit mit anderen Projektbeteiligten inhaltlich abschließend zusammen und übermittelt diese mit einer eigenen Bewertung an den Auftraggeber. (Teil)-Abnahmen werden aber vom Auftraggeber oder einer vom Auftraggeber benannten Person durchgeführt und erklärt.

3.5.2.10   Überwachen und Steuern der Qualitätsüberwachung

Die Projektsteuerung überwacht und steuert die Qualitätsüberwachung durch kontinuierliches Feststellen hinsichtlich der Einhaltung der wesentlichen Projektbedingungen und Projektvorgaben sowie mittels Abweichungsanalysen und Trendberechnungen und beeinflusst die Beteiligten ggfs. zielgerichtet zur Umsetzung der gestellten Aufgabe, respektive der Einhaltung der Bedingungen und Vorgaben.

3.5.2.11   Prüfen von Normengültigkeit und Steuern der Auswirkung von Normenaktualisierungen im Projektverlauf

Die Projektsteuerung prüft die Gültigkeit der technischen Normen, welche in der Phase der Projektvorbereitung als verbindlich festgelegt wurden, indem deren Aktualität regelmäßig überprüft und verifiziert wird. Im Falle einer Aktualisierung von technischen Normen ist die rechtlich bindende Wirkung für das Projekt anhand des Vertrages und des Gesetzes zu untersuchen, die Projektsteuerung hat dazu die entsprechend fachlich zuständigen Kräfte einzubinden.

Für Projekte unter deutschem Recht gilt – vorbehaltlich vertraglicher Regelungen – der Grundsatz, dass zum Zeitpunkt der Abnahme die allgemein anerkannten Regeln der Technik eingehalten werden müssen. Sind diese Regeln nicht eingehalten, ist das Werk bei der Abnahme mangelhaft, der AG hat die Mängelrechte nach dem Gesetz. Dies kann – und ist auch regelmäßig – im Vertrag geändert oder mit Regelungen zum Kostenersatz versehen. Je nach vertraglicher Regelung erstellt die Projektsteuerung eine Abweichungsanalyse einschließlich einer Trendberechnung auf die Auswirkungen für das Projekt und informiert entsprechend dem Auftraggeber. Sind je nach vertraglicher Regelungen Aktualisierungen gegebenenfalls nicht bindend oder sind die Aktualisierungen nicht allgemein anerkannte Regeln der Technik, ist die Entscheidung des Auftraggebers im Hinblick auf eine Umsetzung solcher Regeln unter Berücksichtigung von Kosten und Terminplanung einzuholen.

3.5.2.12   Steuern von Controllingaufgaben

Die Projektsteuerung steuert die Controlling-Aufgaben der Projektbeteiligten, durch Einwirkung auf die jeweiligen Projektbeteiligten und deren gestellten bzw. erforderliche Controlling-Aufgaben sowie auf etwaig übergeordnete Wahrnehmung der Controlling-Aufgaben im Sinne und Interesse des Projektes.

3.5.2.13   Mitwirken bei der Prüfung von Eigenclaims

Die Projektsteuerung fasst Eigenclaims in quantitativer und qualitativer Hinsicht zusammen, welche ggf. durch den Auftraggeber zu stellen sind. Dabei wird das Gesamtpaket (bestehend aus Claim und Zusammenfassung) bewertet und überprüft sowie anschließend an den Auftraggeber weitergeleitet. Die Entscheidung des Auftraggebers an die Projektbeteiligten wird durch die Projektsteuerung unterstützt.

3.5.2.14 Prüfen von Quantitäten und Qualitäten von Nachhaltigkeitskomponenten

Während der Ausführung überprüft die Projektsteuerung stichpunktartig die ausführenden Unternehmen bzgl. der definierten Nachhaltigkeitskomponenten. Hierzu gehören z. B. Qualitätszertifikate der Unternehmen, sowie Subunternehmen, Nachweise über verbaute Komponenten, Materialien und Rohstoffe und Nachweise über die Einhaltung weiterer Nachhaltigkeitskomponenten. Ebenfalls begleitet die Projektsteuerung stichpunktartig Qualitätsprüfungen während der Ausführungsphase. Die Projektsteuerung fasst im Vorfeld alle Anforderungen hinsichtlich der zukünftigen Dokumentation bezogen auf die Qualität und Quantität zusammen.

3.5.2.15 Klären und Erfassen landesspezifischer Einflussgrößen

Die Projektsteuerung prüft einerseits die Berücksichtigung der landesspezifischen Einflussgrößen, welche in der Projektvorbereitungsphase geklärt und erfasst worden waren. Des Weiteren klärt und erfasst die Projektsteuerung solche landesspezifischen Einflussgrößen, welche in der Projektvorbereitungsphase nicht erfasst oder noch nicht bekannt waren, und dokumentiert diese. Zu den Einflussgrößen zählen einerseits solche, die sich aus der Realisierung des Projektes selbst im Ausland ergeben und andererseits Einflussgrößen, welche sich daraus ergeben, dass Teilleistungen des Projektes in Drittländern oder aus Drittländern heraus erbracht werden. Beispiele für landespezifische Einflussgrößen sind Normen, Herstellungsprozesse, Standards, Qualitätsmanagement, HSE-Besonderheiten, Transportwege und -mittel, etc. Unter Umständen ist es hierzu erforderlich, dass die Projektsteuerung Untersuchungen und Befragungen sowie Recherchen durchführt, um die für das spezifische Projekt relevanten Einflussgrößen zu klären und zu erfassen.

3.5.2.16 Erfassen und Feststellen von besonderen Anforderungen hinsichtlich HSE Anforderungen während der Ausführung

Die Projektsteuerung prüft und dokumentiert die HSE-Anforderungen, welche sich aus der Tatsache ergeben, dass das Projekt innerhalb eines bereits existenten Projektes realisiert wird.

3.5.3 Handlungsbereich C: Kosten und Finanzierung

Grundleistungen

3.5.3.1 Kostensteuerung zur Einhaltung des Budgets

siehe Abschn. 3.4.3.1

3.5.3.2 Steuern von Mittelbedarf und Mittelabfluss
Siehe Abschn. 3.4.3.2

3.5.3.3 Überprüfen und Freigabevorschläge bzgl. der Rechnungen Projektbeteiligten zur Zahlung
Siehe Abschn. 3.4.3.3

3.5.3.4 Vorgeben von Deckungsbestätigungen für Nachträge
siehe Abschn. 3.4.3.4

3.5.3.5 Fortschreiben der projektspezifischen Kostenverfolgung (kontinuierlich)
Siehe Abschn. 3.4.3.5

Besondere Leistungen

3.5.3.6 Prüfen der Rechnungen der ausführenden Unternehmen
Siehe Abschn. 3.4.3.6

3.5.4   Handlungsbereich D: Termine, Kapazitäten und Logistik

Grundleistungen

3.5.4.1 Fortschreiben des Rahmenterminplans für das Gesamtprojekt
Siehe Abschn. 3.4.4.1

3.5.4.2 Verfolgen und Fortschreiben des gesamtheitlichen Steuerterminplans für die Phasen der Ausführung und des Projektabschlusses

Basierend auf den Leistungen aus der Projektstufe 4 schreibt die Projektsteuerung den Steuerterminplan für die Phasen der Ausführung und des Projektabschlusses fort und verfolgt dessen Einhaltung. Gerade während der Projektausführungsphase werden häufig aufgrund erforderlicher Änderungen, eintretender, unvorhergesehener Ereignisse etc. Anpassungen und Überarbeitungen des Steuerterminplans nötig. Aufgrund der vertraglichen Regelungen werden die beteiligten Auftragnehmer ihre aktualisierten Terminplanungen auf Grundlage dieser Vorkommnisse einreichen. Die Projektsteuerung führt die aktuellen Terminplanungen zu dem gesamtheitlichen Steuerterminplan zusammen und stellt Überschneidungen und Unvereinbarkeiten (auch im Hinblick auf den erforderlichen Personal-, Geräte- und Medieneinsatz) fest. In regelmäßigen und festgelegten Zeitabständen wird so der Steuerterminplan angepasst und den Beteiligten Auftragnehmern als neue Vorgabe für den weiteren Verlauf ihrer Arbeiten übertragen.

3.5.4.3 Fortschreiben der detaillierten Projektschnittstellenliste

Gegebenenfalls schreibt die Projektsteuerung in Teilbereichen die Schnittstellenliste nach Erfordernis fort.

3.5.4.4 Verfolgen, Fortschreiben und Steuern des detaillierten Terminplans für die Eigenleistungen des Auftraggebers

Siehe Abschn. 3.4.4.4

3.5.4.5 Kontrollieren der Terminplanung der Auftragnehmer im Abgleich zum gesamtheitlichen Steuerterminplan und Koordination der Auftragnehmer zur Behebung von Unstimmigkeiten

Siehe Abschn. 3.4.4.5

3.5.4.6 Terminsteuerung der Ausführung, auch durch regelmäßige Baustellenkontrollen

Auf Grundlage des aktuellen Steuerterminplanes, koordiniert und steuert die Projektsteuerung die Aktivitäten der Phase der Ausführung. In enger Abstimmung mit den für die Bau- und Montageüberwachung zuständigen Projektbeteiligten wird regelmäßig der Stand der Arbeiten (auch durch Kontrolle der Tagesdokumentation der Auftragnehmer, z. B. des Bautagebuchs) erfasst, die Projektbeteiligten im terminlichen Sinne bei der Erbringung ihrer Leistungen koordiniert und Vorausberechnungen zum weiteren Verlauf durchgeführt.

In Koordinationsbesprechungen, die von der Projektsteuerung geleitet werden, wird die Feinplanung für die nächste Zeit sowie die Steuerplanung für den verbleibenden Gesamtablauf abgestimmt. Dazu werden von der Projektsteuerung im Rahmen der Sitzungen die aktuell gültigen Terminpläne präsentiert. Gegebenenfalls notwendige Anpassungen und Änderungen werden koordiniert und festgelegt.

Im Zuge eigener Baustellenkontrollen überzeugt sich die Projektsteuerung regelmäßig vom aktuellen Stand der Arbeiten und unterlegt ihre Koordinationsleistungen mit den hierbei gewonnenen Erkenntnissen. Darüber hinaus erfasst die Projektsteuerung bei den Projektbeteiligten den jeweiligen Status von Lieferleistungen und Kapazitätsplanungen für die nächsten, anstehenden Arbeiten.

3.5.4.7 Aufstellen und Abstimmen eines Steuerterminplans für die Inbetriebnahme bis hin zur Übergabe/Übernahme unter Integration der Beiträge aller Projektbeteiligten einschließlich der Nutzer

Auch für die Aufgaben von den ersten Funktionsprüfungen bis hin zur Inbetriebnahme, Probebetrieb und Abnahme der Gesamtanlage werden von den Auftragnehmern, insbesondere vom Hauptauftragnehmer, vertragsgemäß besondere Terminplanungen einzureichen sein. Die Auftragnehmer haben hierbei die notwendigen Schulungen für das Personal des Auftraggebers in ihre Planung mit einzubeziehen. Ggf. sind von den Auftragnehmern gesonderte Schulungsterminpläne herzustellen und einzureichen, aus denen der erforderliche

Kapazitätsbedarf der Beteiligten für die Schulungen und die Zusammenarbeit während der Inbetriebnahme hervorgeht.

Die von den Auftragnehmern eingereichten Terminpläne werden von der Projektsteuerung auf Vollständigkeit und Plausibilität überprüft. Die Überprüfung erfolgt z. B. auf Grundlage einer vorab mit dem Auftraggeber abgestimmten Liste der „Voraussetzungen für den Beginn der Inbetriebnahme".

Die von den einzelnen Auftragnehmern erarbeiteten Terminpläne werden von der Projektsteuerung entgegengenommen und zu einem Gesamtterminplan der Inbetriebnahme zusammengeführt. Gleichzeitig ist dieser Terminplan in den Gesamtsteuerterminplan einzupassen und mit den Anforderungen an die betrieblichen Abläufe des Auftraggebers in Übereinstimmung zu bringen.

Bei Auftreten von Unstimmigkeiten koordiniert die Projektsteuerung die hiervon betroffenen Projektbeteiligten, um einen stimmigen und einheitlichen Steuerterminplan für die Phase der Inbetriebnahme zu erreichen. Gegebenenfalls sind für besondere Situationen gesonderte Feinterminpläne herzustellen.

3.5.4.8 Verfolgen der Projektlogistik

Die Projektlogistik ist mittels Erfassung logistischer Einflussgrößen durch die Projektsteuerung in den vorlaufenden Phasen erfasst und in der Steuerterminplanung berücksichtigt worden. Die geplanten und nunmehr realisierten Logistikmaßnahmen werden von der Projektsteuerung kontrolliert. Wird bei diesen Kontrollen festgestellt, dass Störungen und Behinderungen des Bau- und Montageablaufs durch unzureichende logistische Aktivitäten entstehen, so ist es die Aufgabe der Projektsteuerung, die zuständigen Stellen beim Auftraggeber und den beteiligten Auftragnehmern hierüber in Kenntnis zu setzen und das Ergreifen von Gegenmaßnahmen zu verfolgen.

Besondere Leistungen

3.5.4.9 Weiterführen und Detaillieren von besonderen Stillstands- und Kapazitätsplanungen auf Grundlage der Angaben der Projektbeteiligten sowie Einbeziehen in den gesamtheitlichen Steuerterminplan

Die in der Phase des Detailed Engineering in Abstimmung mit den Projektbeteiligten aufgestellten, gesonderten Stillstandsplanungen werden in der Projektstufe 5 (Ausführung) weitergeführt und gegebenenfalls entsprechend den Notwendigkeiten detailliert. Ein regelmäßiger Abgleich mit dem gesamtheitlichen Steuerterminplan für das Gesamtprojekt wird von der Projektsteuerung durchgeführt.

3.5.4.10 Verfolgen, Fortschreiben und Steuern des gesonderten Terminplans für Fertigungskontrollen des Auftraggebers

Die Projektsteuerung überwacht den in der Phase des Detailed Engineering aufgestellten Terminplan für Fertigungskontrollen des Auftraggebers mit Hilfe regelmäßiger Rückmeldungen der mit den Fertigungskontrollen beschäftigten Projektbeteiligten. Der zeitlich vertragsgerechte Abschluss der Fertigungen wird vom Projektmanager mittels Kontrolle der eingereichten, verbindlichen Bestätigungen (z. B. Prüfbescheinigungen) verfolgt.

3.5.4.11 Aufstellen und Abstimmen von alternativen Abläufen auf Grundlage der Angaben von Projektbeteiligten sowie Herausarbeiten der Vor- und Nachteile
Siehe Abschn. 3.4.4.10

3.5.4.12 Regelmäßiges Abstimmen des gesamtheitlichen Steuerterminplans mit der SiGe-Koordination
Siehe Abschn. 3.4.4.11

3.5.4.13 Detaillierte Vor-Ort-Terminsteuerung von Stillstandszeiten
Um negative Auswirkungen auf Betrieb und Produktion zu minimieren, ist für Stillstände und Unterbrechungen des Betriebes eine sehr exakte Fristen- und Schnittstellenplanung zur Abstimmung der Projektbelange mit den Belangen des Betriebes zu erarbeiten.

Mit den zuständigen Stellen des Auftraggebers klärt die Projektsteuerung die betrieblichen Belange und Erfordernisse und gleicht diese mit der Projektplanung ab. Häufig wird sich die Planung des Projektes an den Vorgaben aus dem Betrieb orientieren müssen. So kann es bei sehr knapp bemessenen, betrieblichen Stillstandszeiten notwendig sein, dass die Bau- und Montageleistungen, sowie die Tätigkeiten zur Inbetriebsetzung mit hohem Personalaufwand und/oder im Mehrschichtbetrieb durchgeführt werden müssen. Die Projektsteuerung stellt aufgrund von Kapazitätsüberlegungen und entsprechenden Abstimmungen mit den Projektbeteiligten die Realisierbarkeit der Zeitplanung für die Stillstandszeiten fest.

Gegebenenfalls sind gesonderte Feinterminpläne für betriebliche Stillstandszeiten von der Projektsteuerung herauszuarbeiten. Die Arbeitsergebnisse fließen in den gesamtheitlichen Steuerterminplan ein.

3.5.4.14 Überwachen und Steuern der Projektlogistik
Im Rahmen seiner Grundleistungen verfolgt die Projektsteuerung den Verlauf der Projektlogistik und stellt Störungen, Behinderungen und Unzulänglichkeiten fest. Ergänzend zu dieser Leistung überwacht die Projektsteuerung alle zur Projektlogistik gehörenden Maßnahmen, indem sie regelmäßig die Versorgung der Baustelle mit Materialien und Bauteilen sowie die Entsorgung kontrolliert. Hierzu lässt sich die Projektsteuerung von den zuständigen Projektbeteiligten regelmäßig detaillierte Informationen über den aktuellen Stand übermitteln.

Von der im Sinne des geplanten Projektverlaufs hinreichenden Funktionsfähigkeit der Baustellenlogistik überzeugt sich die Projektsteuerung durch eigene Kontrollen. Bei Unstimmigkeiten im Hinblick auf die vorgegebene Projektplanung koordiniert und steuert die Projektsteuerung die zuständigen Projektbeteiligten, um eine angemessene Verbesserung der logistischen Aktivitäten zu erreichen.

3.5.4.15 Überwachen und Steuern logistischer Maßnahmen mit besonderen Anforderungen im Ausland

Für logistische Maßnahmen im Ausland sind oft besondere Randbedingungen zu berücksichtigen. Die Projektsteuerung überwacht, koordiniert und steuert solche logistischen Maßnahmen, die sich zum Beispiel auf Ferntransporte mittels Schiff, auf die Einfuhr in das Land, auf den Transport vom Seehafen zum Projektstandort etc. beziehen können.

3.5.4.16 Mitwirken bei Untersuchungen und Verhandlungen zu Anpassungen von Vertragsterminen

Kommt es während der Ausführungszeit zu Behinderungen und Unterbrechungen der Bau- und Montageleistungen, so sind Vertragstermine beim Hauptauftragnehmer oder anderen Auftragnehmern anzupassen und neu zu vereinbaren. Die Projektsteuerung wirkt hieran mit, indem die Angaben und Ausarbeitungen der betroffenen Projektbeteiligten entgegengenommen, analysiert, bewertet sowie ein Vorschlag zur Anpassung der Vertragstermine augesarbeitet wird. Der Vorschlag kann als Grundlage für die abschließenden Verhandlungen zwischen Auftraggeber und Auftragnehmern dienen.

3.5.4.17 Unterstützen des Claim Managements mit Angaben zu Terminen und Kapazitäten

Das Claim Management des Auftraggebers wird durch die Projektsteuerung mitwirkend (s. Handlungsbereich E) unterstützt. Eine weitere Unterstützung erfährt der Auftraggeber aus dem Terminmanagement der Projektsteuerung, indem von dieser Stelle für den Aufbau von Forderungen gegen Auftragnehmer oder für die Abwehr ungerechtfertigter Forderungen der Auftragnehmer Angaben zu geplanten und tatsächlichen Termin- und Kapazitätsverläufen zusammengestellt werden.

3.5.5   Handlungsbereich E: Verträge und Versicherungen

Grundleistungen

3.5.5.1 Mitwirken bei der Durchsetzung von Vertragspflichten gegenüber den Beteiligten in der Ausführungsphase

Siehe oben Abschn. 3.3.5.5. Auch im Rahmen der Ausführung ist es Aufgabe der Projektsteuerung, bei der Durchsetzung der in den Verträgen niedergelegten Vertragspflichten mitzuwirken. Dies erfordert im Hinblick auf die Ausführungsphase die Klärung der entsprechenden offenen rechtlichen Fragen, jeweils unter Einschaltung der fachlich berufenen Projektbeteiligten. Die Projektsteuerung organisiert erforderliche Abstimmungen und ist für eine rechtliche Umsetzung Ansprechpartner der Projektjuristen und der sonst jeweils fachlich betroffenen Disziplinen insbesondere im Hinblick auf den Abgleich von Leistungs-Soll zu Leistungs-Ist.

3.5.5.2 Mitwirken beim Claim-Management

Siehe Abschn. 3.4.5.3

Besondere Leistungen

3.5.5.3 Mitwirken und Unterstützen bei Streitschlichtung und Streitentscheidung

Wie in jedem Projekt gibt es auch in Projekten des Anlagenbaus die Situation, dass unterschiedliche Rechtsansichten in einem Streit enden. Die Projektsteuerung muss in ihrer Funktion, in der sie Interessen bündelt, den Auftraggeber bei Streitschlichtung und Streitentscheidung unterstützen. Im Rahmen der Mitwirkung und Unterstützung führt die Projektsteuerung die jeweils fachlich beteiligten Disziplinen zusammen, organisiert erforderliche Abstimmungen zur Klärung der betroffenen Sachverhalte und informiert den Auftraggeber über Stand und weitere Schritte bei Streitschlichtung und -entscheidung. Art und Umfang der Mitwirkung und Unterstützung führen zu einer besonderen Leistung, die über die Grundleistungen der Projektsteuerung hinausgehen.

3.5.5.4 Koordinieren der versicherungsrelevanten Schadensabwicklung

Siehe Abschn. 3.4.5.4

3.5.5.5 Veranlassen von Analyse und Bewertung erteilter Genehmigungen und anderer behördlicher Entscheidungen, Mitwirken bei der Umsetzung

Siehe Abschn. 3.4.5.5

3.6   Projektstufe 6: Projektabschluss

3.6.1   Handlungsbereich A: Organisation, Information, Integration und Genehmigungen

Grundleistungen

3.6.1.1 Bewerten der laufenden Prozesse auf Basis der Zielvorgaben

Dem Auftraggeber ist eine Auswertung über den Grad der Zielerreichung durch die Projektsteuerung zusammenfassen und zur Verfügung zu stellen. Die Auswertung ist die Basis für die finale Berichterstattung an das Stearing-Komitee und lässt übersichtlich die Projektereignisse und deren Konsequenzen mit den fallweise verursachten Gegenmaßnahmen erkennen.

3.6.1.2 Umsetzen der Organisationsregeln und der Projektstrukturplanung

Die in der Projektvorbereitungsphase entwickelten und abgestimmten Organisationsregeln sind auf ihre Umsetzung abschließend zu beurteilen und entsprechend den Vorgaben des Auftraggebers und anhand des Projektverlaufes aus der Organisation zu explementieren.

3.6.1.3 Abschließen des Entscheidungs- und Änderungsmanagements

Die Projektsteuerung stellt die im Managementprozess erzeugten Dokumente für das Änderungs- und Entscheidungsmanagement zusammen und stellt sie der Projektdokumentation und dem Auftraggeber zur Verfügung.

3.6.1.4 Koordinieren der Genehmigungs- und etwaiger Zertifizierungs- und Lizensierungsverfahren

Die Projektsteuerung führt die Genehmigungs- und Zertifizierungserfordernisse koordinierend zusammen und plant und steuert Abnahmen sowie einzureichende Unterlagen und einzuholende Gutachten auf Basis der in der Phase „Projektvorbereitung" erarbeiteten Grundlagen. Die Projektsteuerung initiiert die abschließende Erstellung und Zusammenfassung der Dokumentation für die Genehmigungs- Zertifizierungs- und Lizensierungsverfahren.

3.6.1.5 Abschließen der Engineering-Prozesse

Während der Phase Projektabschluss werden durch die Projektsteuerung notwendige abnahmerelevante Leistungen terminlich überwacht. Abstimmungen zwischen den Vertragspartnern werden mit dem Ziel koordiniert, abschließende Klärungen herbeizuführen. Ergebnisse von diesbezüglichen Sachverständigen- und Expertengutachten sind dem Auftraggeber zur Abstimmung weiterzuleiten.

3.6.1.6 Überwachen und Abschließen des Inbetriebnahme-Prozesses

Die Projektsteuerung überwacht die Umsetzung der Vorgaben aus dem Inbetriebnahmeplan im Hinblick zur Übergabe an den Anlagenbetreiber und die Demobilisierung der Inbetriebnahmeorganisation und deren Infrastruktur.

3.6.1.7 Abschließen der Projektdokumentation

Die von den Projektbeteiligten erarbeitete Dokumentation ist hinsichtlich Qualität, Quantität und auf Übereinstimmung mit den Dokumentationsrichtlinien und den Festlegungen aus der Projektvorbereitungsphase zu bewerten. Bestehen Zweifel an der Vollständigkeit und der Übereinstimmung mit den Dokumentationsrichtlinien ist der Auftraggeber hinzuzuziehen und das weitere Vorgehen abzustimmen.

3.6.1.8 Abschließen des Risikomanagements

Unter Koordination der Projektsteuerung wird das Risikomanagement abgeschlossen und die gewonnenen Daten dem Auftraggeber zur Verfügung gestellt.

3.6.1.9 Mitwirken beim HSE-Management (Health, Safety, Environment)

Die Projektsteuerung koordiniert den Abschluss des projektbezogenen HSE-Managements und die Übergabe der HSE-Dokumentation an den Auftraggeber sowie die Betreiber beziehungsweise den Nutzervertreter.

Besondere Leistungen

3.6.1.10 Mitwirken beim Stakeholdermanagement

In der Abschlussphase sind besonders Abnahmen von Stakeholdern wie:

- Behörden,
- Fachstellen für Sicherheitsfragen und
- staatliche Überwachungsinstitutionen

notwendig. Nach erfolgtem Projektabschluss ist der Managementprozess zu beenden und die Verwendung der gewonnenen Informationen mit dem Auftraggeber abzustimmen.

3.6.1.11 Mitwirken bei der Umsetzung der Anforderungen aus Bauen im Bestand

Die Projektsteuerung bringt die Anforderungen durch Bauen in Bestand zum Abschluss und reflektiert diese anschließend gemeinsam mit dem AG.

3.6.1.12 Projekte im Ausland

Siehe Abschn. 3.1.1.12

3.6.1.13 Explementieren des Projekt-Kommunikations-Management-Systems (Projektraum)

Auf Basis von gemeinsamen Festlegungen zwischen der Projektsteuerung und dem Auftraggeber wird das „Projekt-Kommunikations-Management-Systems" von der Projektsteuerung vertragsmäßig zum vereinbarten Zeitpunkt abgesichert. Die Daten sind vertraulich abzulegen und Zugänge entsprechend zurückzunehmen.

3.6.1.14 Multiprojektmanagementsystem – Projektsteuerung mehrerer zusammenhängender Projekte

Die Projektsteuerung bringt die Steuerung auf Basis der zusammenhängenden Projekte auf Basis der Handlungsleitlinien aus den Bereichen A-E zum Abschluss.

3.6.2 Handlungsbereich B: Qualitäten und Quantitäten

Grundleistungen

3.6.2.1 Entwickeln der Prozesse und der Tests für Inbetriebsetzung, Inbetriebnahme und Probebetrieb

Die Projektsteuerung unterstützt bei der Entwicklung der Prozesse einschließlich der erforderlichen Tests für die Inbetriebsetzung, die Inbetriebnahme sowie den Probebetrieb, indem sie die diesbezüglichen Abläufe und Vorgehensweisen der einzelnen Arbeitspakete mit den

Projektbeteiligten zunächst abstimmt, etwaig anpasst und schließlich unter Berücksichtigung der projektspezifischen Rahmenbedingungen und Absprache mit dem Auftraggeber erstellt und dokumentiert. Die Inbetriebsetzung umfasst Prozesse, mittels welcher Systeme und Komponenten nach abgeschlossener Montage aktiv „in Betrieb gesetzt werden", d. h. erstmals für ihre eigentliche Funktion und unter realen Vollast-Bedingungen genutzt werden, während die Inbetriebnahme die formale Dokumentation der Inbetriebsetzung sowie deren Abschluss beinhaltet. Der Probebetrieb wird für eine vorher verbindlich festgelegte Dauer durchgeführt und ist u. U. in mehrere Phasen untergliedert, die etwaiges Nachjustieren oder die Verfügbarkeit benachbarter oder zugehöriger Projekte berücksichtigt.

3.6.2.2 Mitwirken beim Claim-Management

Die Projektsteuerung unterstützt beim Claim-Management in quantitativer und qualitativer Hinsicht. Sie berät den Auftraggeber dahingehend, dass dieser eine technisch einwandfreie Entscheidung treffen kann.

3.6.2.3 Vorbereiten der Durchführung von Abnahmen sowie deren Teilnahme

Die Projektsteuerung fasst die Ergebnisse von (Teil)-Abnahmen in Zusammenarbeit mit anderen Projektbeteiligten inhaltlich abschließend zusammen und übermittelt diese mit einer eigenen Bewertung an den Auftraggeber. U.U. nimmt die Projektsteuerung an den (Teil)-Abnahmen auch selbst teil. (Teil)-Abnahmen werden aber vom Auftraggeber oder einer vom Auftraggeber benannten Person durchgeführt und erklärt. Bei Projekten, deren Projektabschluss unterteilt ist in eine „vorläufige/partielle Abnahme" anhand der Bescheinigung eines sogenannten „PAC"-Zertifikates (Partial Acceptance Certificate) sowie eine „abschließende Abnahme" anhand der Bescheinigung eines sogenannten „FAC"-Zertifikates (Final Acceptance Certificate), welche beide vom Auftraggeber erteilt werden, koordiniert die Projektsteuerung die Einhaltung der Leistungsumfänge der vorläufigen und partiellen Abnahme.

3.6.2.4 Steuern, Zusammenführen und Listen der offenen Punkte sowie deren Abarbeitung

Die Projektsteuerung steuert die Abarbeitung von Listen, welche noch Mängel und offene Restleistungen des Projektumfangs dokumentieren. Dabei werden einerseits Listen nachvollziehbar für den Auftraggeber konsolidiert und andererseits die Abarbeitung der Punkte verfolgt.

3.6.2.5 Koordinieren der Auflistung der Verjährungsfristen für Mängelansprüche

Die Projektsteuerung koordiniert die Auflistung von Verjährungsfristen, indem diese abgestimmt und in einer Gesamtauflistung gesichert werden. Diese (tabellarische) Gesamtauflistung dokumentiert die jeweiligen Abnahmetermine sowie die jeweils nach Auftragnehmern untergliederten Verjährungsfristen und weitere, für das Projekt zweckmäßigen Detaillierungen. Die Zielsetzung besteht in einer auf Vollständigkeit sowie Plausibilität überprüften übersichtlichen Aufstellung über die Mängelhaftungsfristen, die am Ende der vertraglichen Vereinbarungen und den tatsächlichen Abnahmedaten dem Auftraggeber zur Verfügung gestellt werden.

Die Aufgabe der Projektsteuerung besteht darin, diese Auflistung von den fachlich Beteiligten abzurufen, durch Stichproben auf formale und inhaltliche Richtigkeit zu überprüfen und mit dem Auftraggeber das Verfahren zur Dokumentation abzustimmen.

Für die Prüfung sind folgende Unterlagen erforderlich:

- Zuordnung solcher Vorbehalte zu Teilleistungen, Abnahmen und ggf. Teilabnahmen,
- Zusammenstellung der Verjährungsfristen und -termine durch die fachspezifischen Objektüberwachungen
- Die einzelnen Verträge (gegliedert nach Teilleistungen) mit den jeweils vereinbarten Verjährungsfristen
- Informationen über den Beginn der Verjährungsfristen der einzelnen Teilleistungen mit dem die Mängelhaftungsfrist auslösenden Dokument (Abnahmeprotokoll bzw. Schlusszahlung, Mitteilung der Fertigstellung oder Nutzungsbeginn bei fiktiver Abnahme),
- Dokumente über eine etwaige Hemmung oder den erneuten Beginn der Verjährung gemäß §§ 2013–213 BGB.

Zur Vermeidung von Widersprüchen sind Angaben der an der Planung Beteiligten, die den vertraglichen Inhalten hinsichtlich der Verjährungsfristen widersprechen oder diese einschränken, bereits bei der Erstellung von Leistungsbeschreibungen zu korrigieren oder den im Vorfeld vertraglich vorgesehenen Verjährungsfristen anzupassen. Dies betrifft u. a. auch Festlegungen zur Mängelhaftungsdauern unter der Voraussetzung des Abschlusses von Wartungs- bzw. Vollunterhaltungsverträgen oder auch zu klaren und eindeutigen Definitionen von beweglichen Teilen oder von elektrischen Bauteilen mit unterschiedlichen Mängelhaftungsdauern.

Die Prüfvorgänge erstrecken sich vorrangig auf folgende Bereiche:

- Formale Struktur des Mängelhaftungsverzeichnisses (Firmennummer, Leistungsbereich/Gewerk bzw. Bauabschnitt)
- Vollständigkeit des Mängelhaftungsverzeichnisses hinsichtlich aller Bau- sowie Installationsleistungsverträge,
- Vergleich der vertraglich vereinbarten mit den in den Mängelhaftungsverzeichnissen aufgeführten Verjährungsfristen je Teilleistung,
- Vollständigkeit der dokumentierten Vorbehalte (in Stichproben),
- Aus den Verjährungsfristen errechnete Kalenderdaten pro Auftrag und ggf. pro Teilleistung.

Das Prüfergebnis ist in einem Prüfbericht zusammenzufassen.

Das Erstellen der Verjährungsfristen für Planer- und Gutachterleistungen ist keine Grundleistung die Projektsteuerung. Sie ist daher bei Bedarf besonders zu vergüten.

3.6.2.6 Mitwirken beim Aufbau einer Organisation zur Ersatzteillieferung und Lagerung

Die Projektsteuerung wirkt mit beim Aufbau einer Organisation zur Ersatzteillieferung und Lagerung mit, indem sie – basierend auf dem Nachhaltigkeitskonzept sowie den Anforderungen des Auftraggebers insbesondere zum Thema RAM (RAM = Reliability, Availability, Maintainability) zusammen mit den Projektbeteiligten die Anforderungen an die Ersatzteillieferung und Lagerung konsolidiert und ebenfalls zusammen mit den Projektbeteiligten eine Organisation entwirft und diese dem Auftraggeber einschließlich einer eigenen Bewertung zur Entscheidung vorlegt.

3.6.2.7 Nachverfolgen der Mängellisten

Die Projektsteuerung verfolgt in einem zeitlich festgelegten Abschnitt die Abarbeitung der Mängellisten der Projektbeteiligten. Dabei wird die Abarbeitung im Verlauf regelmäßig und in hinreichendem Detaillierungsgrad beobachtet, registriert sowie mit den Projektbeteiligten in erforderlichem Maße kommuniziert. Mängellisten dokumentieren neben dem eigentlichen Mangel auch dessen jeweiliges Konzept zur Beseitigung, dessen Status sowie die Akzeptanz des Auftraggebers.

3.6.2.8 Koordinieren der Umsetzung von Betreiberpflichten

Die Projektsteuerung stimmt die Inhalte und Prozesse, welche sich aus den Betreiberpflichten des Auftraggebers ergeben, frühzeitig mit den Projektbeteiligten ab und koordiniert in der Phase des Projektabschlusses einen reibungslosen Übergang des temporären Betreibens der (Teil)-Projekte durch die Projektbeteiligten in den Betrieb des Gesamt-Projektes durch den Auftraggeber unter Einhaltung aller Betreiberpflichten des Auftraggebers.

3.6.2.9 Veranlassen, Koordinieren und Steuern der Beseitigung nach der Abnahme aufgetretener Mängel

Die Projektsteuerung veranlasst im Rahmen der Grundleistungen die Beseitigung der bei der Abnahme aufgetretenen Mängel unter Beachtung der vertraglichen Laufzeit des Projektsteuerungsvertrages.

Koordinierungs- und Steuerleistungen zur Beseitigung von den nach der Abnahme aufgetretenen Mängeln werden gesondert als Besondere Leistungen beauftragt und vergütet.

Besondere Leistungen

3.6.2.10 Koordinieren und Überprüfen der Vollständigkeit der Abnahmedokumentation

In der Phase des Projektabschlusses koordiniert die Projektsteuerung eine vollständig erstellte Abnahmedokumentation des Projektes und stellt diese dem Auftraggeber komplett zur Verfügung. Hierzu koordiniert die Projektsteuerung die Projektbeteiligten hinsichtlich der Abnahmedokumentation und überprüft stichprobenartig deren Vollständigkeit hinsichtlich Umfang und Inhalt sowie Verfügbarkeit. Es empfiehlt sich, die Anforderungen an

Umfang, Inhalt und Form der Abnahmedokumentation frühzeitig mit allen Projektbeteiligten zu koordinieren sowie den Prozess zur Prüfung und Übergabe der Abnahmedokumentation frühzeitig festzulegen. Dabei soll die Übergabe der Abnahmedokumentation auch frühzeitig d. h. bereits vor der eigentlichen Abnahme begonnen werden, sofern der Projektfortschritt dies erlaubt und solche Übergaben von Dokumenten vertraglich festgeschrieben wurden.

3.6.2.11   Koordinieren, Steuern und Abschließen der Zertifizierungsprozesse

Die Projektsteuerung schließt die Überwachung des Zertifizierungsprozesses (vgl. Ziffer 3.5.2.7) ab, indem die Dokumentation der Zertifizierungen zusammenstellt und ggfs. ein abschließendes (Zertifizierungs-)Audit koordiniert wird. Die Projektsteuerung überprüft die zusammengestellten Unterlagen und Nachweise, erstellt etwaige Antragsunterlagen für abschließende Zertifizierungen, reicht diese ein und führt die Kommunikation mit der/den Zertifizierungsstelle(n).

3.6.2.12   Mitwirken bei der Prüfung von Eigenclaims

Siehe Abschn. 3.5.2.13

3.6.2.13   Klären und Erfassen landesspezifischer Einflussgrößen

Die Projektsteuerung überprüft die Berücksichtigung und Umsetzung der landesspezifischen Einflussgrößen, welche in der Projektvorbereitungsphase sowie in der Ausführungsphase geklärt und erfasst worden waren. Zu den Einflussgrößen zählen einerseits solche, die sich aus dem Projekt im Ausland selbst ergeben, dass Teilleistungen des Projektes in Drittländern oder aus Drittländern heraus erbracht werden. Beispiele für landespezifische Einflussgrößen sind Normen, Herstellungsprozesse, Standards, Qualitätsmanagement, HSE-Besonderheiten, Transportwege und -mittel, etc.

3.6.3   Handlungsbereich C: Kosten und Finanzierung

Grundleistungen

3.6.3.1 Überprüfen und Freigabevorschläge bzgl. der Rechnungen der Projektbeteiligten

Siehe Ziffer 3.4.3.3

3.6.3.2 Überprüfen und Freigabevorschläge bzgl. der Rechnungsprüfung zur Zahlung an ausführende nicht verfahrenstechnische Gewerke nach Übergabe an den Kunden

Die Freigabe der Schlussrechnungen ist eine wesentliche Auftraggeberverpflichtung. Der Auftraggeber hat nach den Regelungen des BGB nach der Abnahme die Pflicht, die Schlussrechnung zu zahlen. Aufgabe der Projektsteuerung ist es daher, die Rechnungen in diesem Fall für die Gewerke, welche nicht für die Inbetriebnahme notwendig sind, zu überprüfen und mit den Beauftragungen und den erbrachten Leistungen abzugleichen.

Ergebnis der Überprüfung der Schlussrechnung ist eine Freigabe, eine teilweise Freigabe oder eine Zurückweisung, abhängig vom jeweiligen Überprüfungsergebnis.

Im Rahmen der Überprüfung kontrolliert die Projektsteuerung die Abrechnung weiter auf Konformität mit den vertraglichen Vorgaben, z. B. Umlagen für Versicherungen, Abfallentsorgung und Reinigung, Baustelleneinrichtung usw. sowie die Ziehung von Skonti und Berücksichtigung von Rabatten. Die Projektsteuerung weist den Auftraggeber weiter darauf hin, dass eventuelle Einbehalte wegen nicht erbrachter oder mangelhafter Leistungen bestehen. Erforderlichenfalls sind die Juristen für die Überprüfung der vertraglichen und/oder gesetzlichen Lage vom Auftraggeber einzuschalten, was die Projektsteuerung im Bedarfsfall zu empfehlen hat.

Entspricht die Schlussrechnung den vertraglichen Vorgaben und den gegebenenfalls zu berücksichtigenden weiteren gesetzlichen Vorgaben, gibt die Projektsteuerung das erstellte Prüfergebnis an den Auftraggeber weiter, der seinerseits für Zahlung zu sorgen hat.

3.6.3.3 Überprüfen und Freigabevorschläge bzgl. der Rechnungsprüfung der Projektsteuerung on site zur Zahlung an ausführende verfahrenstechnische Gewerke nach Betriebsaufnahme

Siehe Abschn. 3.4.3.3

3.6.3.4 Überprüfen der Leistungen der ausführenden Unternehmen bei der Freigabe von Sicherheitsleistungen

Mit der Abnahme und der Erfüllung der Verpflichtungen aus dem Vertrag, verliert der Auftraggeber in aller Regel das Recht eine Vertragserfüllungsbürgschaft einzubehalten. Die Projektsteuerung hat die Voraussetzungen für die Freigabe der Vertragserfüllungsbürgschaft zu überprüfen und in unklaren Fällen einen vertraglichen Abgleich durch die Projektjuristen herbeizuführen bzw. über den Auftraggeber herbeiführen zu lassen.

In seltenen Fällen werden statt Vertragserfüllungsbürgschaften auch Zurückbehalte in bar vereinbart, die Projektsteuerung überprüft ggf. in Kooperation mit den Projektjuristen die Auszahlungsvoraussetzungen.

Die Projektsteuerung wird im Hinblick auf Mängelhaftungsbürgschaften entsprechende Hinweise an den Auftraggeber erteilen. Mängelhaftungsbürgschaften sind zumeist erst nach Ablauf der Verjährungsfristen und Eintritt weiterer Voraussetzungen zurückzugeben, in der Regel wird der Leistungszeitraum der Projektsteuerung bereits zu diesem Zeitpunkt abgeschlossen sein.

3.6.3.5 Abschließen der projektspezifischen Kostenverfolgung

Die Projektsteuerung führt die Kostenverfolgung und mit Projektabschluss schließt sie auch die projektspezifische Kostenverfolgung ab. Inhalt dieses Abschlusses ist grundsätzlich ein Vergleich zwischen abgerechneten Leistungen und Zahlungsstand. Weicht der Zahlungsstand ab, erteilt die Projektsteuerung dem Auftraggeber Nachricht und empfiehlt die jeweilige Vorgehensweise. Im Übrigen berichtet die Projektsteuerung gegenüber dem Auftraggeber über den Stand der Kostenverfolgung.

Soweit für die Verbuchung im Anlagevermögen notwendig, lässt die Projektsteuerung die entsprechenden Investitionskosten durch den Auftragnehmer nach Anlagengruppen differenziert aufführen und überlässt dies dem Auftraggeber.

Besondere Leistungen

3.6.3.6 Mitwirken bei der Abarbeitung offener, strittiger Positionen i.R.d. Claimmanagements

Bei der Abarbeitung offener Positionen im Rahmen des Claimmanagements ist es Aufgabe der Projektsteuerung, die relevanten notwendigen Tatsachen zusammentragen zu lassen und zusammenzustellen. Maßgeblicher Ausgangspunkt bei Abarbeitung von Claims ist immer die Tatsachengrundlage. Aus diesem Grund wird die Projektsteuerung die erforderlichen Informationen bündeln und fungiert als zentraler Ansprechpartner. Die Projektsteuerung unterrichtet die, mit dem Claimmanagement befassten, Projektbeteiligten und koordiniert erforderlichenfalls rechtliche Prüfungen mit den beteiligten Projektjuristen. Die entsprechenden Ergebnisse wird die Projektsteuerung dem Auftraggeber vermitteln.

3.6.3.7 Mitwirken bei der Prüfung der Erfüllung der Wartungsverträge und Ersatzteillieferung

Je nach Umfang der Beauftragung der Projektsteuerung, hat diese bei der Prüfung der Erfüllung der Wartungsverträge und Ersatzteillieferungen mitzuwirken. Die Projektsteuerung koordiniert die Überwachung der Leistungsverpflichtung und Erfüllung des Leistungssolls. Da die vertragliche Ausgestaltung von Wartungsverträgen oder Verträgen über Ersatzteillieferungen, die Voraussetzungen zur Umsetzung von Services bzw. Lagerung und Vorbau von Ersatzteilen höchst unterschiedlich sein können, wird die Projektsteuerung vor allem eine Bündelung der internen Abteilungen und Funktionen, insbesondere des Betriebs, sowie der entsprechenden Interessen des Auftraggebers vornehmen und zusammenfassen und (soweit vom Auftraggeber gewünscht) an den Auftragnehmer übermitteln.

3.6.4   Handlungsbereich D: Termine, Kapazitäten und Logistik

Grundleistungen

3.6.4.1 Verfolgen und Fortschreiben des Steuerterminplans für die Inbetriebnahme bis hin zur Übergabe, Übernahme und Abnahme unter Integration der Beiträge aller Projektbeteiligten einschließlich der Nutzer

Der rechtzeitig in der Projektausführungsphase (Projektstufe 5) verfeinerte und fertiggestellte Steuerterminplan für die Inbetriebnahme bis hin zur Abnahme wird von der Projektsteuerung in der Projektabschlussphase verfolgt und fortgeschrieben. Hierzu liefern die involvierten Projektbeteiligten detaillierte Angaben über ihre Planungen, zum Beispiel hinsichtlich:

- I/O-Checks und Kommunikationstests
- System-Funktionstests
- Kalt-Inbetriebnahmeprozesse
- Warm-Inbetriebnahmeprozesse
- Bedarf von Ver- und Entsorgungsanschlüssen
- Bedarf von Betriebsstoffen und Produktionsstoffen
- Erforderliche Mitwirkungs- und Schulungsmaßnahmen des Personals des Auftraggebers etc.
- Probebetrieb, Leistungsnachweise und Abnahme

3.6.4.2 Steuern der vertraglich vorgegebenen Schritte bei Inbetriebnahme, Probebetrieb, Übergabe, Übernahme und Abnahme

Die vertraglich vorgegebenen Schritte bei der Inbetriebnahme, dem Probebetrieb und den Aktivitäten zur Übergabe, Übernahme und Abnahme sind gegliedert und unterlegt durch den aktuellen Steuerterminplan. Der Verlauf der Aktivitäten wird von der Projektsteuerung überwacht und an den Leistungsgrenzen einzelner Auftragnehmer (Schnittstellen) gesteuert.

Ein wichtiger Schwerpunkt liegt in der zeitlichen Überwachung und Steuerung der vertraglich vereinbarten Schulungsmaßnahmen für das Personal des Auftraggebers. Die Projektsteuerung verfolgt dazu die aktuelle Terminplanung und wirkt an der rechtzeitigen Abstimmung des notwendigen Personaleinsatzes mit.

3.6.4.3 Dokumentieren des geplanten und des tatsächlichen Verlauf des Projektes

Zum Abschluss des Projektes liegen der Projektsteuerung die ursprüngliche Terminplanung sowie weitere Terminplanungen von Zwischenständen des Projektes vor. Diese Terminplanungen und ihre Aufzeichnungen und Daten über den tatsächlichen Verlauf des Projektes werden in einer gesonderten Dokumentation niedergelegt. Abweichungen zwischen geplanten und tatsächlichen Verläufen sind mit zugehörigen Dokumenten (zum Beispiel Schriftwechsel, Protokolle etc.) zu hinterlegen.

Besondere Leistungen

3.6.4.4 Unterstützen des Claim Managements mit Angaben zu Terminen und Kapazitäten

Siehe Abschn. 3.5.4.17

3.6.4.5 Aufstellen und Abstimmen eines gesonderten Terminplans für die Aktivitäten der Auftragnehmer zur Anlagenwartung und Instandhaltung ab Übergabe, Übernahme und Abnahme

Gelegentlich sind mit der Vergabe von Liefer-, Bau- und Montageleistungen auch Leistungen der Wartung und Instandhaltung der fertiggestellten Anlage vertraglich vereinbart.

Die Projektsteuerung erfasst bei den beteiligten Stellen des Auftraggebers und aus den jeweiligen Liefer- und Montageverträgen die vereinbarten Aufgaben des Auftragnehmers zur Wartung und Instandhaltung der Anlage und erstellt hieraus einen Terminplan für die festgelegte Zeit.

3.6.4.6 Verfolgen, Fortschreiben und Steuern des Terminplans für die Aktivitäten der Auftragnehmer zur Anlagenwartung und Instandhaltung für eine vorab festzulegende Zeitspanne

Der gemäß obiger Beschreibung von der Projektsteuerung aufgestellte Terminplan für Auftragnehmer-Aktivitäten bei der Anlagenwartung und Instandhaltung wird von dieser verfolgt und fortgeschrieben. Durch rechtzeitige Hinterfragung der jeweils vom Auftragnehmer geplanten Maßnahmen zur Wartung und Instandhaltung ist es der Projektsteuerung möglich, gegebenenfalls rechtzeitig koordinierend in die vertraglich vereinbarten Prozesse einzugreifen.

3.6.5 Handlungsbereich E: Verträge und Versicherungen

Grundleistungen

3.6.5.1 Mitwirken bei den rechtsgeschäftlichen Voraussetzungen des Projektabschlusses, insbesondere Abnahme

Insbesondere die Abnahme muss von der Projektsteuerung organisiert und vorbereitet werden. Die Abnahme ist aus rechtlicher Sicht Dreh- und Angelpunkt des Projektes. Nach der mechanischen Fertigstellung, der Inbetriebsetzung, dem Probebetrieb folgt die Abnahme. Mit ihr wechselt die Beweislast, die Gefahr geht über, die Verjährung beginnt und die Vergütung wird fällig.

Die Projektsteuerung muss frühzeitig alle Projektbeteiligten informieren und die auf den jeweiligen Ebenen notwendigen Prozesse initiieren. Für den Moment der Abnahme ist relevant, dass insbesondere Mängel und Restleistungen erfasst und im Rahmen des Abnahmeprotokolls aufgeführt werden. Erfolgt dies nicht, sind die Mängelrechte nach deutschem Recht im Hinblick auf alle erkannten Mängel und Restleistungen verloren.

Die Projektsteuerung wird ggf. nach Abstimmung mit dem Auftraggeber bei den zuständigen Projektjuristen und den fachlich Projektbeteiligten geeignete Abnahmeprotokolle sowie Listen zur Erfassung von Mängel- und Restleistungen entwerfen lassen. Die Aufgabe der Projektsteuerung ist es, die Erfassung zu initiieren und die entsprechenden Listen zusammenzuführen. Zuletzt hat die Projektsteuerung darauf zu achten, dass die Abarbeitung offener Mängel- und Restleistungen von den jeweils fachlich Beteiligten kontrolliert wird. Die Projektsteuerung führt die Ergebnisse zusammen.

3.6.5.2 Mitwirken beim Claim-Management

Siehe Abschn. 3.4.5.3

3.6.5.3 Veranlassen der Überwachung der Einhaltung der behördlichen Genehmigungen

Die Projektsteuerung initiiert regelmäßig Überprüfungen zur Einhaltung der behördlichen Genehmigungen durch die fachlich Beteiligten. Im Rahmen des Erstellungsprozesses und spätestens mit Projektabschluss müssen beispielsweise bei Bauabnahmen oder der Abnahme nach dem BImSchG von den zuständigen Behörden die Vorgaben der Genehmigungen eingehalten werden. Der Auftraggeber hat dies darzulegen, die Projektsteuerung veranlasst die notwendigen Prozesse.

Besondere Leistungen

3.6.5.4 Mitwirken und Unterstützen bei Streitschlichtung und Streitentscheidung

Siehe Abschn. 3.5.5.3

3.6.5.5 Koordinieren der versicherungsrelevanten Schadensabwicklung

Siehe Abschn. 3.4.5.4

3.6.5.6 Kontrolle der Umsetzung eines Instandhaltungsvertrages

Soweit Wartung und Instandhaltung auf Grundlage eines -gesonderten Instandhaltungsvertrages abgewickelt werden, ist es Sache der Projektsteuerung, die Umsetzung des Instandhaltungsvertrages zu kontrollieren und erforderlichenfalls den Auftraggeber über Abweichungen und/oder erforderliche Mitwirkung des Auftraggebers zu informieren. Zu diesem Zweck wird die Projektsteuerung den Auftraggeber und fachlich Beteiligte einschalten und die entsprechenden Prüfungen veranlassen. Die Wartungs- und Instandhaltungsleistungen greifen in aller Regel unmittelbar in den Betrieb der Anlage ein, sodass dies von Seiten des Auftraggebers im Hinblick auf Betriebserfordernisse geplant werden muss. Es ist Sache der Projektsteuerung, diese Prozesse beim Auftraggeber zu initiieren. Da Tätigkeiten im Hinblick auf den Instandhaltungsvertrag und dessen Umsetzung auch einen Zeitraum nach Projektabschluss umfassen, ist dies als besondere Leistung anzusehen.

3.6.5.7 Veranlassen von Analyse und Bewertung erteilter Genehmigungen und anderer behördlicher Entscheidungen, Mitwirken bei der Umsetzung

Siehe Abschn. 3.5.5.5

Übersicht der Grundleistungen und Besonderen Leistungen

4

Zusammenfassung

Die Übersicht der Grundleistungven und Besonderen Leistungen stellt alle Leistungen eines Handlungsbereichs entlang der einzelnen Phasen dar. Dieses gewährleistet z. B. bei einer Teilbeauftragung alle Leistungen pro Phase und Handlungsbereich anschaulich darzustellen.

In der folgenden Übersicht werden die Grundleistungen sowie Besonderen Leistungen der Handlungsbereiche A-E gesamthaft dargestellt.

© Springer-Verlag GmbH Deutschland 2016

A. Malkwitz et al., *Projektmanagement im Anlagenbau*, DVP Projektmanagement, DOI 10.1007/978-3-662-53053-5_4

4.1   Handlungsbereich A: Organisation, Information, Integration und Genehmigung

Grundleistungen	Besondere Leistungen
Projektvorbereitung	
1. Mitwirken bei der Festlegung der Projektziele anhand der Projektvorgaben	1. Veranlassen der Identifikation der Stakeholder und Erstellung der Stakeholderliste
2. Entwickeln und Abstimmen der Organisationsregeln und der Projektstrukturplanung	2. Analysieren und Bewerten der Anforderungen aus Bauen im Bestand (Brownfield)
3. Vorschlagen und Abstimmen des Entscheidungs- und Änderungsmanagements	3. Projekte im Ausland
4. Koordinieren der Genehmigungs- und etwaiger Zertifizierungs- und Lizensierungsverfahren	4. Implementieren und Betreiben eines Projekt-Kommunikations-Management-Systems (Projektraum)
5. Abstimmen und Veranlassen der Engineering-Prozesse	5. Identifizieren der Anforderung an die operative Projektsteuerung mehrerer zusammenhängender Projekte
6. Vorbereiten des Inbetriebnahmekonzeptes	
7. Entwickeln und Abstimmen der Dokumentationsstruktur	
8. Implementieren des Risikomanagements	
9. Mitwirken beim HSE-Management (Health, Safety, Enviroment)	
Basic Engineering	
1. Überprüfen der Wirksamkeit der Projektorganisation anhand der Zielvorgaben	1. Implementieren des Stakeholdermanagements
2. Umsetzen der Organisationsregeln und der Projektstrukturplanung	2. Mitwirken bei der Umsetzung der Anforderungen aus Bauen im Bestand
3. Koordinieren des Entscheidungs- und Änderungsmanagements	3. Projekte im Ausland
4. Koordinieren der Genehmigungs- sowie etwaiger Zertifizierungs- und Lizensierungsverfahren	4. Betreiben und Anpassen des Projekt-Kommunikations-Management-Systems (Projektraum)
5. Analysieren, Bewerten und Steuern der Engineering-Prozesse	5. Entwickeln und Implementieren der operativen Projektsteuerungsstruktur mehrerer zusammenhängender Projekte
6. Erarbeiten eines Inbetriebnahmekonzeptes	
7. Überwachen der Umsetzung der Projektdokumentation	
8. Mitwirken beim Risikomanagement	
9. Mitwirken beim HSE-Management (Health, Safety, Environment)	

Grundleistungen	Besondere Leistungen
Ausschreibung und Vergabe	
1. Bewerten der laufenden Prozesse auf Basis der Zielvorgaben	1. Mitwirken beim Stakeholdermanagement
2. Umsetzen der Organisationsregeln und der Projektstrukturplanung	2. Mitwirken bei der Umsetzung der Anforderungen aus Bauen im Bestand
3. Koordinieren des Entscheidungs- und Änderungsmanagements	3. Projekte im Ausland
4. Koordinieren der Genehmigungs- und etwaiger Zertifizierungs- und Lizensierungsverfahren	4. Betreiben und Anpassen des Projekt-Kommunikations-Management-Systems (Projektraum)
5. Analysieren, Bewerten und Steuern der Engineering-Prozesse	5. Multiprojektmanagement – Projektsteuerung mehrerer zusammenhängender Projekte
6. Berücksichtigen des Inbetriebnahmekonzeptes beim Abgleich der Anlagenbeschreibung	
7. Überwachen der Umsetzung der Projektdokumentation	
8. Mitwirken beim Risikomanagement	
9. Mitwirken beim HSE-Management (Health, Safety, Environment)	
Detailed Engineering	
1. Bewerten der laufenden Prozesse auf Basis der Zielvorgaben	1. Mitwirken beim Stakeholdermanagement
2. Umsetzen der Organisationsregeln und der Projektstrukturplanung	2. Mitwirken bei der Umsetzung der Anforderungen aus Bauen im Bestand
3. Koordinieren des Entscheidungs- und Änderungsmanagements	3. Projekte im Ausland
4. Koordinieren der Genehmigungs- und etwaiger Zertifizierungs- und Lizensierungsverfahren	4. Betreiben und Anpassen des Projekt-Kommunikations-Management-Systems (Projektraum)
5. Analysieren, Bewerten und Steuern der Engineering-Prozesse	5. Multiprojektmanagement – Projektsteuerung mehrerer zusammenhängender Projekte
6. Berücksichtigen des Inbetriebnahmekonzeptes zur Abstimmung mit dem Engineering und den HSE Anforderungen	
7. Überwachen der Umsetzung der Projektdokumentation	
8. Mitwirken beim Risikomanagement	
9. Mitwirken beim HSE-Management (Health, Safety, Environment)	

Grundleistungen	Besondere Leistungen
Ausführung	
1. Bewerten der laufenden Prozesse auf Basis der Zielvorgaben	1. Mitwirken beim Stakeholdermanagement
2. Umsetzen der Organisationsregeln und der Projektstrukturplanung	2. Mitwirken bei der Umsetzung der Anforderungen aus Bauen im Bestand
3. Koordinieren des Entscheidungs- und Änderungsmanagements	3. Projekte im Ausland
4. Koordinieren der Genehmigungs- und etwaiger Zertifizierungs- und Lizensierungsverfahren	4. Betreiben und Anpassen des Projekt-Kommunikations-Management-Systems (Projektraum)
5. Analysieren, Bewerten und Steuern der Engineering-Prozesse	5. Multiprojektmanagement – Projektsteuerung mehrerer zusammenhängender Projekte
6. Initiieren und Überwachen des Inbetriebnahmeprozesses	
7. Überwachen der Umsetzung der Projektdokumentation	
8. Mitwirken beim Risikomanagement	
9. Mitwirken beim HSE-Management (Health, Safety, Environment)	
Projektabschluss	
1. Bewerten der laufenden Prozesse auf Basis der Zielvorgaben	1. Mitwirken beim Stakeholdermanagement
2. Umsetzen der Organisationsregeln und der Projektstrukturplanung	2. Mitwirken bei der Umsetzung der Anforderungen aus Bauen im Bestand
3. Abschließen des Entscheidungs- und Änderungsmanagements	3. Projekte im Ausland
4. Koordinieren der Genehmigungs- und etwaiger Zertifizierungs- und Lizensierungsverfahren	4. Explementieren des Projekt-Kommunikations-Management-Systems (Projektraum)
5. Abschließen der Engineering-Prozesse	5. Multiprojektmanagementsystem – Projektsteuerung mehrerer zusammenhängender Projekte
6. Überwachen und Abschließen des Inbetriebnahme-Prozesses	
7. Abschließen der Projektdokumentation	
8. Abschließen des Risikomanagements	
9. Mitwirken beim HSE-Management (Health, Safety, Environment)	

4.2   Handlungsbereich B: Qualitäten und Quantitäten

Grundleistungen	Besondere Leistungen
Projektvorbereitung	
1. Überprüfen der bestehenden Grundlagen zur Bedarfsplanung auf Vollständigkeit und Plausibilität 2. Mitwirken bei der Klärung der Standortfragen, bei der Beschaffung der standortrelevanten Unterlagen und bei der Grundstücksbeurteilung hinsichtlich Nutzung in privatrechtlicher und öffentlich-rechtlicher Hinsicht 3. Koordinieren von generellen Qualitätsanforderungen und Spezifikationen aus Normen/Regelwerken und auftraggeberspezifischen Vorgaben 4. Überprüfen der Ergebnisse der Grundlagenermittlung der Planungsbeteiligten	1. Erstellen und Abstimmen einer Bedarfsplanung 2. Veranlassen einer differenzierten Anfrage bzgl. der Infrastruktur und Beschaffung der relevanten Informationen und Unterlagen 3. Klären und Erfassen der technischen Normen und der Zertifizierungsprozesse 4. Klären und Erfassen von Quantitäten und Qualitäten zur Umsetzen einer Nachhaltigkeitsstrategie 5. Mitwirken bei der Festlegung von Anforderungen an Wartung, Betrieb und Ersatzteilversorgung 6. Klären und Erfassen von Quantitäten und Qualitäten der Anforderungen aus dem HSE Konzept 7. Überprüfen der Grundlagenermittlung 8. Klären und Erfassen landesspezifischer Einflussgrößen 9. Erstellen und Koordinieren von Qualitätsanforderungen 10. Prüfen von Anlagen hinsichtlich HSE-Anforderungen
Basic Engineering	
1. Abstimmen des Umfangs, der Qualitätsanforderungen und des Detaillierungsgrades des Basic Engineerings sowie der zu erarbeitenden Dokumente 2. Koordinieren der Erstellung des Basic Engineerings mit allen Beteiligten und Einholen notwendiger Auftraggeberentscheidungen 3. Analysieren und Bewerten der Leistungen der Planungsbeteiligten 4. Steuern der Planung im Rahmen der Methode BIM und der BIM Administration	1. Steuern und Prüfen der Planung hinsichtlich der Erfüllung eines vorgegebenen Nachhaltigkeitssystems 2. Koordinieren von Anforderungen besonderer Zertifizierungsprozesse an das Basic Engineering 3. Koordinieren und Erfassen von Quantitäten und Qualitäten zum Umsetzen einer Nachhaltigkeitsstrategie 4. Klären und Erfassen landesspezifischer Einflussgrößen, z. B. Normen, Zertifizierungen, HSE 5. Steuern und Prüfen der Planung hinsichtlich der Erfüllung eines vorgegebenen Nachhaltigkeitssystems

Grundleistungen	Besondere Leistungen
Ausschreibung und Vergabe	
1. Erfassen und Feststellen von Präqualifizierung und Qualitätsstandards der Bieter	1. Erfassen und Bewerten möglicher Lieferanten
2. Beraten zu Quantitäten und Qualitäten im Rahmen der Ausschreibungs- und Vergabeverfahren	2. Abstimmen von Präqualifikationsverfahren möglicher Lieferanten und Nachunternehmer
3. Überprüfen der Spezifikation und des Leistungsverzeichnisses bzw. der Leistungsbeschreibung	3. Prüfen der Ausschreibungsunterlagen in Bezug auf Quantitäten und Qualitäten
4. Koordinieren und Mitwirken bei der Ausschreibung	4. Mitwirken bei der Entwicklung einer optimalen Vergabestrategie in Bezug auf Quantitäten und Qualitäten
5. Mitwirken beim Analysieren und Bewerten der Angebote zu Quantitäten und Qualitäten	5. Mitwirken bei Verhandlungen mit etwaigen Bietern und Vergabeempfehlung
6. Überwachen des Führens einer Vergabeakte	6. Klären und Erfassen landesspezifischer Einflussgrößen
Detailed Engineering	
1. Abstimmen des Umfangs und des Detailierungsgrades des Detailed Engineerings, sowie der zu erarbeitenden Dokumente	1. Steuern von Planungsänderungen inkl. Behinderungsmanagement
2. Steuern der Planung im Rahmen der Methode BIM und der BIM Administration	2. Koordinieren von Planungsentscheidungen
3. Abstimmen der Qualitätsanforderungen an das Detailed Engineering	3. Anforderungen an Zertifizierungen Einholen, Abstimmen und Koordinieren
4. Koordinieren der Erstellung des Detailed Engineerings mit allen Beteiligten und Einholen notwendiger Auftraggeberentscheidungen	4. Prüfen der Gültigkeit von technischen Normen
5. Analysieren und Bewerten der Leistungen der Planungsbeteiligten	5. Mitwirken bei der Prüfung und Freigabe der Planung
6. Erfassen und Bewerten von Lieferanten für Systemkomponenten	6. Beraten und Festlegen des Engineering Freeze
	7. Koordinieren und Erfassen von Quantitäten und Qualitäten zur Umsetzung einer Nachhaltigkeitsstrategie
	8. Klären und Erfassen landesspezifischer Einflussgrößen, z. B. Normen, Zertifizierungen, HSE
	9. Prüfen spezieller Anforderungen von Normen und Zertifizierungen im Ausland

Grundleistungen	Besondere Leistungen
Ausführung	
1. Verfolgen und Steuern der Überwachung von Produktion und Montage	1. Steuern von Zertifizierungsprozessen
2. Beraten und Abstimmen von Anpassungsmaßnahmen bei Gefährdung von Projektzielen in Bezug auf Quantitäten und Qualitäten	2. Koordinieren der Werkspakete (bei Einzelvergabe)
3. Mitwirken beim Claim-Management	3. Mitwirken an (Teil)-Abnahmen
4. Mitwirken bei der Erstellung und Aufstellung von Mängellisten	4. Überwachen und Steuern der Qualitätsüberwachung
5. Überwachen der Durchführung von FAT	5. Prüfen von Normengültigkeit und Steuern der Auswirkung von Normenaktualisierungen im Projektverlauf
6. Überwachen der Einhaltung von HSE-Vorgaben im HSE-Management sowie in Notfallplänen	6. Steuern von Controllingaufgaben
	7. Mitwirken bei der Prüfung von Eigenclaims
	8. Prüfen von Quantitäten und Qualitäten von Nachhaltigkeitskomponenten
	9. Klären und Erfassen landesspezifischer Einflussgrößen
	10. Erfassen und Feststellen von besonderen Anforderungen hinsichtlich HSE Anforderungen während der Ausführung
Projektabschluss	
1. Entwickeln des Prozesses und der Tests für Inbetriebsetzung, Inbetriebnahme und Probebetrieb	1. Koordinieren und Überprüfen der Vollständigkeit der Abnahmedokumentation
2. Mitwirken beim Claim-Management	2. Koordinieren, Steuern und Abschließen der Zertifizierungsprozesse
3. Vorbereiten der Durchführung von Abnahmen sowie Teilnahme	3. Mitwirken bei der Prüfung von Eigenclaims
4. Steuern, Zusammenführen und Listen der offenen Punkte sowie deren Abarbeitung	4. Klären und Erfassen landesspezifischer Einflussgrößen
5. Koordinieren der Auflistung der Verjährungsfristen für Mängelansprüche	
6. Mitwirken beim Aufbau einer Organisation zur Ersatzteillieferung und Lagerung	
7. Nachverfolgen der Mängellisten	
8. Koordinieren der Umsetzung von Betreiberpflichten	
9. Veranlassen, Koordinieren und Steuern der Beseitigung nach der Abnahme aufgetretener Mängel	

4.3   Handlungsbereich C: Kosten und Finanzierung

Grundleistungen	Besondere Leistungen
Projektvorbereitung	
1. Planung von Investitionssummen und Nutzungskosten 2. Überprüfen und Freigabevorschläge bzgl. der Rechnungen der Projektbeteiligten (außer ausführenden Unternehmen) zur Zahlung 3. Abstimmen und Einrichten der projektspezifischen Kostenverfolgung	1. Verwenden von auftraggeberseitig vorgegebenen IT-Programmen 2. Mitwirken bei der Erstellung von Wirtschaftlichkeitsuntersuchungen
Basic Engineering	
1. Überprüfen der Kostenschätzung der Planer sowie Veranlassen etwaiger Gegensteuermaßnahmen 2. Projektübergreifende Kostensteuerung zur Einhaltung der Kostenziele 3. Steuern des Mittelbedarfs und des Mittelabflusses 4. Überprüfen und Freigabevorschläge bezüglich der Rechnungen der Projektbeteiligten (außer ausführenden Unternehmen) zur Zahlung 5. Fortschreiben der projektspezifischen Kostenverfolgung (kontinuierlich)	1. Mitwirken bei der Erstellung weiterer Kostenschätzungen/Kostenberechnungen 2. Mitwirken bei einem Value Engineering der geplanten Anlage
Ausschreibung und Vergabe	
1. Überprüfen der ermittelten Sollwerte für die Vergaben auf der Basis der aktuellen Kostenberechnungen 2. Überprüfen und Freigabevorschläge bzgl. der Rechnungen der Projektbeteiligten (außer ausführenden Unternehmen) zur Zahlung 3. Überprüfen der erstellten Kostenermittlungen 4. Überprüfen und Vergleichbarkeit der Angebotsauswertungen herstellen 5. Kostensteuerung unter Berücksichtigung der Angebotsprüfungen 6. Vorgeben der Deckungsbestätigungen für Aufträge 7. Planen von Mittelbedarf und Mittelabfluss 8. Fortschreiben der projektspezifischen Kostenverfolgung (kontinuierlich)	1. Mitwirken bei der Erstellung weiterer Kostenschätzungen/Kostenberechnungen 2. Mitwirken bei einem Value Engineering der geplanten Anlage

Grundleistungen	Besondere Leistungen
Detailed Engineering	
1. Kostensteuerung zur Einhaltung des Budgets	1. Prüfen der Rechnungen der ausführenden Unternehmen
2. Steuern von Mittelbedarf und Mittelabfluss	
3. Überprüfen und Freigabevorschläge bzgl. der Rechnungen der Projektbeteiligten zur Zahlung	
4. Vorgeben von Deckungsbestätigungen für Nachträge	
5. Fortschreiben der projektspezifischen Kostenverfolgung (kontinuierlich)	
Ausführung	
1. Kostensteuerung zur Einhaltung des Budgets	1. Prüfen der Rechnungen der ausführenden Unternehmen
2. Steuern von Mittelbedarf und Mittelabfluss	
3. Überprüfen und Freigabevorschläge bzgl. der Rechnungen Projektbeteiligten zur Zahlung	
4. Vorgeben von Deckungsbestätigungen für Nachträge	
5. Fortschreiben der projektspezifischen Kostenverfolgung (kontinuierlich)	
Projektabschluss	
1. Überprüfen und Freigabevorschläge bzgl. der Rechnungen der Projektbeteiligten	1. Mitwirken bei der Abarbeitung offener, strittiger Positionen i.R.d. Claimmanagements
2. Überprüfen und Freigabevorschläge bzgl. der Rechnungsprüfung zur Zahlung an ausführende nicht verfahrenstechnische Gewerke nach Übergabe an den Kunden	2. Mitwirken bei der Prüfung der Erfüllung der Wartungsverträge und Ersatzteillieferung
3. Überprüfen und Freigabevorschläge bzgl. der Rechnungsprüfung der Projektsteuerung on site zur Zahlung an ausführende verfahrenstechnische Gewerke nach Betriebsaufnahme	
4. Überprüfen der Leistungen der Planungsbeteiligten bei der Freigabe von Sicherheitsleistungen	
5. Abschließen der projektspezifischen Kostenverfolgung	

4.4   Handlungsbereich D: Termine, Kapazitäten und Logistik

Grundleistungen	Besondere Leistungen
Projektvorbereitung 1. Klären und Erfassen der terminlichen und kapazitativen Rahmenbedingungen, z. B. hinsichtlich geplantem Produktionsbeginn, möglicher Störungen und Unterbrechungen des laufenden Betriebes und Genehmigungsprozesse etc. 2. Klären und Erfassen der geplanten Eigenleistungen des Auftraggebers 3. Aufstellen und Abstimmen des generellen Terminrahmens für das Gesamtprojekt in Form eines Rahmenterminplans sowie Herstellung von dazu erforderlichen Gremienvorlagen 4. Aufstellen eines Steuerterminplans für die Phase des Basic Engineering mit Herausarbeitung der notwendigen Ausschreibungs- und Vergabezeitpunkte für die Planungsleistungen 5. Klären und Erfassen logistischer Einflussgrößen unter Berücksichtigung relevanter Standortgegebenheiten und sonstiger Rahmenbedingungen	1. Klären und Erfassen von bereits geplanten Stillstandszeiten für den laufenden Betrieb 2. Grundsätzliches Bewerten terminlicher Auswirkungen alternativer Vergabearten, wie Einzel- oder Generalvergabe 3. Präsentieren des generellen Terminrahmens in Gremiensitzungen 4. Klären und Erfassen logistischer Einflussgrößen im Ausland unter Berücksichtigung relevanter Standortgegebenheiten und sonstiger Rahmenbedingungen 5. Klären und Erfassen landesspezifischer Einflussgrößen im Ausland
Basic Engineering 1. Fortschreiben des Rahmenterminplans für das Gesamtprojekt unter regelmäßiger Einbeziehung der Erkenntnisse aus dem Basic Engineering 2. Verfolgen und Fortschreiben des Steuerterminplans für das Basic Engineering 3. Terminsteuerung des Basic Engineering 4. Aufstellen und Abstimmen eines Steuerterminplans für die Phasen der Ausschreibung und Vergabe und des Detailed Engineering 5. Aufstellen und Abstimmen einer generellen Projektschnittstellenliste, sowohl in organisatorischer als auch in technischer und lokaler Hinsicht 6. Aktualisieren der Erfassung logistischer Einflussgrößen	1. Aufstellen von weiteren Rahmenterminplänen für alternative Vergabekonzepte 2. Präsentieren alternativer Rahmenterminpläne in Gremiensitzungen und Mitwirkung bei der Herbeiführung von Entscheidungen 3. Aufstellen und Abstimmen eines gesonderten Ausschreibungs- und Vergabeterminplans für alle nach dem Basic Engineering zu vergebenden Leistungen 4. Mitwirken an der Erstellung eines Logistikkonzepts 5. Klären besonderer logistischer Maßnahmen im Abgleich mit öffentlichen Belangen sowie Anlieger- und Nachbarschaftsinteressen 6. Klären logistischer Maßnahmen im Abgleich mit besonderen Anforderungen im Ausland

Grundleistungen	Besondere Leistungen
Ausschreibung und Vergabe	
1. Fortschreiben des Rahmenterminplans für das Gesamtprojekt	1. Individuelles Ergänzen des gesamtheitlich geltenden Vertragsterminplans für gewerkeweise Vergabe
2. Definieren von vertraglichen Anforderungen an die Terminplanung, die Terminverfolgung und das Terminberichtswesen der zu beauftragenden Auftragnehmer	2. Verfolgen, Fortschreiben und Steuern des gesonderten Vergabeterminplans
3. Aufstellen eines für alle zu beauftragenden Auftragnehmer geltenden, gesamtheitlichen Vertragsterminplans auf Basis des Rahmenterminplans	3. Mitwirken an der Weiterentwicklung des Logistikkonzeptes
4. Verfolgen und Fortschreiben des Steuerterminplans für die Phasen der Ausschreibung und Vergabe und des Detailed Engineering	4. Klären besonderer logistischer Maßnahmen im Abgleich mit öffentlichen Belangen sowie Anlieger- und Nachbarschaftsinteressen
5. Aufstellen und Abstimmen eines detaillierten Terminplans für die Eigenleistungen des Auftraggebers	5. Klären logistischer Maßnahmen im Abgleich mit besonderen Anforderungen im Ausland
6. Terminsteuerung der Ausschreibung und Vergabephase	
7. Fortschreiben der generellen Projektschnittstellenliste	
8. Überprüfen der vorliegenden Angebote im Hinblick auf vorgegebene Terminziele und Managementprozesse	
9. Aktualisieren der Erfassung logistischer Einflussgrößen	
Detailed Engineering	
1. Fortschreiben des Rahmenterminplans für das Gesamtprojekt	1. Aufstellen und Abstimmen von besonderen Stillstandsplanungen mit zugehörigen Kapazitätsplanungen auf Grundlage der Planungen der Projektbeteiligten sowie Einbeziehung in den gesamtheitlichen Steuerterminplan
2. Fortschreiben und ggf. Verfeinern der Projektschnittstellenliste	
3. Aufstellen, Abstimmen, Verfolgen und Fortschreiben eines gesamtheitlichen Steuerterminplans für die Phase des Detailed Engineering und der nachfolgenden Phasen unter Einbeziehung der Terminplanung der Auftragnehmer sowie Verifizierung des Steuerterminplans mittels kapazitativer Betrachtungen	2. Abstimmen und Aufstellen eines gesonderten Terminplans für Fertigungskontrollen des Auftraggebers
	3. Abstimmen und Aufstellen von alternativen Abläufen auf Grundlage der Angaben von Projektbeteiligten und Herausarbeiten der Vor- und Nachteile
4. Verfolgen, Fortschreiben und Steuern eines detaillierten Terminplans für die Eigenleistungen des Auftraggebers	4. Regelmäßiges Abstimmen des gesamtheitlichen Steuerterminplans mit der SiGe-Koordination
5. Kontrollieren der Terminplanung der Auftragnehmer im Abgleich zum gesamtheitlichen Steuerterminplan und Koordination der Auftragnehmer zur Behebung von Unstimmigkeiten	5. Mitwirken an der Weiterentwicklung des Logistikkonzeptes
	6. Klären besonderer logistischer Maßnahmen im Abgleich mit öffentlichen Belangen sowie Anlieger- und Nachbarschaftsinteressen
6. Terminsteuerung des Detailed Engineering	7. Klären logistischer Maßnahmen im Abgleich mit besonderen Anforderungen im Ausland
7. Aktualisieren der Erfassung logistischer Einflussgrößen	

Grundleistungen	Besondere Leistungen
Ausführung	
1. Fortschreiben des Rahmenterminplans für das Gesamtprojekt	1. Weiterführen und Detaillieren von besonderen Stillstands- und Kapazitätsplanungen auf Grundlage der Angaben der Projektbeteiligten sowie Einbeziehen in den gesamtheitlichen Steuerterminplan
2. Verfolgen und Fortschreiben des gesamtheitlichen Steuerterminplans für die Phasen der Ausführung und des Projektabschlusses	
3. Fortschreiben der detaillierten Projektschnittstellenliste	2. Verfolgen, Fortschreiben und Steuern des gesonderten Terminplans für Fertigungskontrollen des Auftraggebers
4. Verfolgen, Fortschreiben und Steuern des detaillierten Terminplans für die Eigenleistungen des Auftraggebers	3. Aufstellen und Abstimmen von alternativen Abläufen auf Grundlage der Angaben von Projektbeteiligten sowie Herausarbeiten der Vor- und Nachteile
5. Kontrollieren der Terminplanung der Auftragnehmer im Abgleich zum gesamtheitlichen Steuerterminplan und Koordination der Auftragnehmer zur Behebung von Unstimmigkeiten	4. Regelmäßiges Abstimmen des gesamtheitlichen Steuerterminplans mit der SiGe-Koordination
6. Terminsteuerung der Ausführung, auch durch regelmäßige Baustellenkontrollen	5. Detaillierte Vor-Ort-Terminsteuerung von Stillstandszeiten
7. Aufstellen und Abstimmen eines Steuerterminplans für die Inbetriebnahme bis hin zur Übergabe/Übernahme unter Integration der Beiträge aller Projektbeteiligten einschließlich der Nutzer	6. Überwachen und Steuern der Projektlogistik
	7. Überwachen und Steuern logistischer Maßnahmen mit besonderen Anforderungen im Ausland
	8. Mitwirken bei Untersuchungen und Verhandlungen zu Anpassungen von Vertragsterminen
8. Verfolgen der Projektlogistik	9. Unterstützen des Claim Managements mit Angaben zu Terminen und Kapazitäten
Projektabschluss	
1. Verfolgen und Fortschreiben des Steuerterminplans für die Inbetriebnahme bis hin zur Übergabe, Übernahme und Abnahme unter Integration der Beiträge aller Projektbeteiligten einschließlich der Nutzer	1. Unterstützen des Claim Managements mit Angaben zu Terminen und Kapazitäten
2. Steuern der vertraglich vorgegebenen Schritte bei Inbetriebnahme, Probebetrieb, Übergabe, Übernahme und Abnahme	2. Aufstellen und Abstimmen eines gesonderten Terminplans für die Aktivitäten der Auftragnehmer zur Anlagenwartung sowie Instandhaltung ab Übergabe, Übernahme und Abnahme
3. Dokumentieren des geplanten und des tatsächlichen Verlaufs des Projektes	3. Verfolgen, Fortschreiben und Steuern des Terminplans für die Aktivitäten der Auftragnehmer zur Anlagenwartung und Instandhaltung für eine vorab festzulegende Zeitspanne

4.5   Handlungsbereich E: Verträge und Versicherungen

Grundleistungen	Besondere Leistungen
Projektvorbereitung	
1. Organisieren der Erstellung einer Vergabe- und Vertragsstruktur für das Gesamtprojekt 2. Vorbereiten und Abstimmen der Inhalte der Verträge für Engineering und Ausführung 3. Mitwirken bei der Entscheidung der Form der Ausschreibung 4. Klären des Rahmenterminplans im Hinblick auf Verträge für Engineering und Ausführung 5. Mitwirken bei der Klärung des Versicherungskonzeptes	1. Erfassen notwendiger Schnittstellenregelungen bei gewerkeweiser Vergabe 2. Abstimmen von besonderen rechtlichen Vorgaben aus Auslandsbau 3. Abstimmen von besonderen rechtlichen Vorgaben aus Bauen im Bestand
Basic Engineering	
1. Mitwirken bei der Durchsetzung von Vertragspflichten gegenüber den Beteiligten in der Engineering Phase 2. Mitwirken bei der Modifizierung von rechtlichen Vorgaben für Engineeringverträge	1. Abstimmen von besonderen rechtlichen Vorgaben bei gewerkeweiser Vergabe 2. Abstimmen von besonderen rechtlichen Vorgaben aus Auslandsbau 3. Abstimmen von besonderen rechtlichen Vorgaben aus Bauen im Bestand
Ausschreibung und Vergabe	
1. Beraten bei der terminlichen und inhaltlichen Strukturierung des Vergabeverfahrens 2. Mitwirken bei der Vorbereitung von Verträgen 3. Organisieren der Durchführung der notwendigen Verhandlungstermine für den Auftraggeber 4. Mitwirken bei der Vergabe bis zum Vertragsschluss für den Auftraggeber 5. Mitwirken bei der Durchsetzung von Vertragspflichten gegenüber den Beteiligten 6. Mitwirken an der Vorbereitung des Claim-Managements	1. Mitwirken bei Vergabeverfahren nach formalem Vergaberecht 2. Mitwirken bei der Vorbereitung und Vergabe eines Instandhaltungsvertrages 3. Abstimmen von besonderen rechtlichen Vorgaben bei gewerkeweiser Vergabe 4. Abstimmen von besonderen rechtlichen Vorgaben aus Auslandsbau 5. Abstimmen von besonderen rechtlichen Vorgaben aus Bauen im Bestand
Detailed Engineering	
1. Mitwirken bei der Durchsetzung von Vertragspflichten gegenüber den Beteiligten in der Engineeringphase 2. Mitwirken bei der eventuellen Modifizierung der rechtlichen Engineeringvorgaben 3. Mitwirken beim Claim-Management	1. Koordinieren der versicherungsrelevanten Schadensabwicklung 2. Veranlassen der Analyse und Bewertung erteilter Genehmigungen und anderer behördlicher Entscheidungen, Mitwirken bei der Umsetzung

Grundleistungen	Besondere Leistungen
Ausführung	
1. Mitwirken bei der Durchsetzung von Vertragspflichten gegenüber den Beteiligten in der Ausführungsphase 2. Mitwirken beim Claim-Management	1. Mitwirken und Unterstützen bei Streitschlichtung und Streitentscheidung 2. Koordinieren der versicherungsrelevanten Schadensabwicklung 3. Veranlassen der Analyse und Bewertung erteilter Genehmigungen und anderer behördlicher Entscheidungen, Mitwirken bei der Umsetzung
Projektabschluss	
1. Mitwirken bei den rechtsgeschäftlichen Voraussetzungen des Projektabschlusses, insbesondere Abnahme 2. Mitwirken beim Claim-Management 3. Veranlassen der Überwachung zur Einhaltung behördlicher Genehmigungen	1. Mitwirken und Unterstützung bei Streitschlichtung und Streitentscheidung 2. Koordinieren der versicherungsrelevanten Schadensabwicklung 3. Kontrollieren der Umsetzung eines Instandhaltungsvertrages 4. Veranlassen von Analyse und Bewertung erteilter Genehmigungen und anderer behördliche Entscheidungen, Mitwirken bei der Umsetzung

Glossar

Abnahmeprotokoll Dokumentiert Ablauf und Ergebnisse der Abnahmeprüfung und stellt die Entscheidungsgrundlage für den Abnahmeberechtigten, um die Abnahmebestätigung auszusprechen oder Maßnahmen zur Nacherfüllung einzufordern.

Abschließende Abnahme Finale Bestätigung des Auftraggebers an den Auftragnehmer, dass dieser das vereinbarte Werk spezifikationsgerecht erstellt hat und damit seinen Teil des Werkvertrags erfüllt hat.

Anlieger- und Nachbarschaftsinteressen Interessen der Eigentümer oder Verfügungsberechtigter eines Grundstücks bzw. eines Gebäudes, das an das zu bebauende Grundstück, eine öffentliche Straße oder an einen Wasserlauf grenzt.

Basic Engineering In der Projektphase des Basic Engineering werden die Vorgaben in einem ersten grundlegenden Verfahrenskonzept umgesetzt. Dieses Konzept wird aus einer Reihe von alternativen Vorschlägen (z. B. verschiedene lizenzierte Verfahren zu der Herstellung des gleichen Produktes) ausgesucht, die Entscheidung wird begründet und führt zu einer ersten groben Planung (Technik und Termine) bzw. zu einer groben Kostenschätzung.

Behinderungsmanagement Management von Umständen, die eine vertraglich zugesicherte Baufreiheit oder eine Fortführung der vertraglich geschuldeten Leistungen be- oder verhindern.

Betreiberpflichten Verantwortung des Betreibers einer Anlage, bestehende Gefahren für Umwelt und Mensch zu minimieren, möglichst wenige Schäden zu verursachen sowie sich an die gesetzlichen Regelungen für den Betrieb einer Anlage zu halten, um so einen wesentlichen Beitrag zu einem sicheren Gebäudebetrieb zu leisten.

Brownfield Bauen im Bestand.

Businesseinheit Geschäftseinheit: ein vom restlichen Unternehmen weitgehend unabhängig agierender Bereich.

CAD-Richtlinien Bestimmen die notwendigen technischen, inhaltlichen und strukturellen, organisatorischen und juristischen Voraussetzungen an einen CAD-Datensatz und den Datenaustausch zwischen dem Auftraggeber und den beauftragten Planern und Planerinnen.

© Springer-Verlag GmbH Deutschland 2016
A. Malkwitz et al., *Projektmanagement im Anlagenbau*, DVP Projektmanagement,
DOI 10.1007/978-3-662-53053-5

CAR-Versicherung Versicherung welche die CAR Risiken (Construction All Risk) je nach Versicherungstyp abdeckt.

Construction-Dienstleister Erbringen die Leistung in der Phase Konstruktion im internationalen Bauwesen und dort speziell im Anlagenbau. Es geht um die übliche Form der Projektabwicklung und der dazugehörigen Vertragsgestaltung, bei welcher der Auftragnehmer als Generalunternehmer oder Generalübernehmer auftritt.

Design Freeze Das fertige Konstruktionsdesign wird „eingefroren". Alle Designelemente können ab diesem Zeitpunkt nicht mehr verändert werden.

Design-to-cost Konstruktionsverfahren, bei dem konsequent für einzelne Komponenten die kostengünstigste Lösung bereits in der Entwicklung gesucht wird

Detail Engineering Das Detail Engineering basiert auf dem Basic Engineering und besteht aus der Genehmigungsplanung und der Ausführungsplanung.

Detaillierungsgrad Verschiedene Detailstufen bei der Darstellung einer Konstruktion (engl.: Level of Detail).

Emission Austrag oder Ausstoß, bedeutet allgemein Aussendung von Störfaktoren in die Umwelt.

Engineering-Disziplinen Die Disziplinen eines Dienstleisters, die in den verschiedenen Stufen des Projektes angewandt werden.

Engineering-Interface Schnittstelle zwischen einzelnen Engineering Disziplinen. Dies kann unteranderem die Koordination des Datenaustauschs zwischen verschiedenen Softwarewerkzeugen oder auch das aufbauende Engineering zwischen einzelnen Projektphasen sein.

EU-Fördermittel Gelder welche seitens der Europäischen Union von der Europäischen Kommission Unternehmen und Organisationen in Form von Ausschreibungen, Finanzhilfen oder Fonds und anderen Finanzierungsprogrammen zur Verfügung gestellt.

FEED Nach der Bestimmung des Herstellverfahrens (conceptual design), ist es möglich, erste konkrete Aussagen über Kosten und Termine zu machen. Diese erste Betrachtung, die eine Genauigkeit von ca. 70–75 % hat, nennt man Front-End Engineering & Design (FEED). Diese Betrachtung findet unmittelbar vor dem Beginn des Basic Engineerings statt. Für große Anlagen kann dieser Schritt bis zu einem Jahr dauern. Der Investor vergibt den Auftrag für die Durchführung einer FEED-Studie ebenfalls an Engineering Büros. Aufbauend auf dieser Studie, wird häufig die Entscheidung getätigt ob die Investition durchgeführt wird oder nicht.

Fiktive Abnahme Abnahme, die unabhängig vom wirklichen Willen des Auftraggebers erfolgen kann.

Gate auch: Meilenstein; festgesetzter Zeitpunkt im Entwicklungsablauf eines Projekts, zu dem bestimmte Ergebnisse erzielt sein müssen.

Genehmigungskataster Rechtliche und sonstige Anforderungen an das Projektziel, die im Rahmen des Genehmigungsmanagements definiert werden. In dem Kataster werden diese Punkte aufgeführt und gebündelt zur Verfügung gestellt.

Greenfield-Projekt   Planung und Bebauung auf (Grün-)flächen, die zuvor nicht zum Baubereich des Projekts gehörten. Es handelt sich um ein Projekt das, oft auch im übertragenen Sinn, auf der grünen Wiese startet, d. h. keine Vorgängerversionen oder bauliche Gegebenheiten berücksichtigen muss.

Grobablaufplan   Die grobe Planung zum Ablauf eines Projektes, die beispielsweise Anfangs- und Endtermine für das Durchführen von Aufgaben festlegt und die wichtigsten Projektmeilensteine inkludiert.

HAZOP-Studien   HAZOP-Studien (englisch: HAZard and OPerability) sind eine international weit verbreitete Methode zur Erkennung potenzieller Probleme bezüglich der Sicherheit und der Funktionsfähigkeit technischer Systeme.

HSE-Manager   Beschäftigt sich mit der Planung, Umsetzung, Überwachung und Optimierung von betrieblichen Prozessen in den Bereichen Umweltmanagement, Gesundheitsschutz und Arbeitssicherheit.

Instandhaltungsvertrag   Vertrag, der festlegt, wie die Instandhaltung von technischen Systemen, Bauelementen, Geräten und Betriebsmitteln sicherzustellen ist, sodass der funktionsfähige Zustand erhalten bleibt oder bei Ausfall wiederhergestellt wird.

Interessenvertreter   Eine Interessenvertretung (auch: Interessengruppe) soll die Interessen einer bestimmten gesellschaftlichen Gruppe definieren und vertreten. Diese können auf Auftraggeber, Auftragnehmer oder einer anderen Stakeholderseite auftreten.

Key Account   Key Account ist die englische Bezeichnung für einen Kunden, der für die gegenwärtige und zukünftige Existenz des Unternehmens eine Schlüsselstellung einnimmt.

Kostenmethode   Betriebswirtschaftliche Anwendungsmethode, nach der die eigenen Anteile des Unternehmens zu Anschaffungskosten bilanziert werden (können).

Lastenheft   Das Lastenheft (teils auch Anforderungsspezifikation, Anforderungskatalog, Produktskizze, Kundenspezifikation oder englisch Requirements Specification genannt) beschreibt die Gesamtheit der Anforderungen des Auftraggebers an die Lieferungen und Leistungen eines Auftragnehmers.

Lump sum   Pauschale zur Begleichung der anfallenden Projektkosten für die Zusammenarbeit.

Lump sum-Vertrag   Legt Höhe des Pauschalbetrages fest, der an Projektkosten anfällt.

Mitlaufende Kalkulation (Mika)   Controllingmethode, bei der in einer Kopie der Projektkalkulation die prognostizierten Kosten der einzelnen Positionen laufend aktualisiert werden.

Nachunternehmer   Ein Nachunternehmen oder Subunternehmen erbringt aufgrund eines Werkvertrages oder Dienstvertrages im Auftrag eines anderen Unternehmens (Hauptunternehmen) die gesamte oder einen Teil der vom Hauptunternehmen gegenüber dessen Auftraggeber geschuldeten Leistung. Das Subunternehmen ist rechtlich selbstständig und in der Art und Weise, wie es seinen Vertrag erfüllt, frei.

Organigramm   Hilfsmittel der Organisation zur Darstellung von Strukturen; Kofferwort aus Organisation und Diagramm.

PAAG-Verfahren   Das PAAG-Verfahren (auch HAZOP-Studie) ist ein Verfahren der Sicherheitstechnik und dient der Untersuchung der Sicherheit von technischen Anlagen. PAAG steht für: Prognose, Auffinden der Ursache, Abschätzen der Auswirkungen, Gegenmaßnahmen.

Partielle Abnahme   In Teilen erfolgende Abnahme zum Abschluss eines Projektes.

Pflichtenheft   Das Pflichtenheft beschreibt in konkreter Form, wie der Auftragnehmer die Anforderungen des Auftraggebers im Laufe des Projekts erfüllen wird.

PKMS-System   Projekt-Kommunikations-Management-System: unterstützt die Zusammenarbeit einer Bauprojektgruppe über elektronische Netzwerke in allen vorgenannten Intensitäten. Dabei stehen Funktionen für den Austausch und die gemeinsame Ablage von Dokumenten, für den Austausch von Nachrichten, für die Verwaltung von Adressen und Kalendern sowie die Vorgangssteuerung in Form von Workflows im Vordergrund.

POC-Methode   Mit der Percentage-of-Completion-Methode wird bei Langfristfertigung eine Gewinnrealisierung nach dem Fertigstellungsgrad (Leistungsfortschritt) erreicht, d. h. Aufwendungen und Erträge werden entsprechend dem Fertigstellungsgrad des Projektes anteilig den einzelnen Perioden zugeordnet.

Präqualifikationsverfahren   Vorwettbewerbliche Eignungsprüfung, bei der potenzielle Lieferanten nach speziellen Vorgaben vorab ihre Fachkunde und Leistungsfähigkeit nachweisen (=Präqualifizierung), unabhängig von einer konkreten Ausschreibung.

Projektscope   Ziele und Inhalt des Projekts.

Projektstrukturcode   In dem für das Projektmanagement so wichtigen Dokument des Projektstrukturplans sind auch die einzelnen Arbeitspakete und Kontrollkonten enthalten, die im Allgemeinen einen Projektstrukturcode erhalten. Hierbei handelt es sich um eine einmalige, eindeutige Kennung. Diese Projektcodes liefern eine Struktur für die hierarchische Zusammenfassung der Daten von Kosten, Terminen, Risiken, Ressourcen und Einsatzmittel.

Prozesssimulation   Die Prozesssimulation ist ein Hilfsmittel zur Entwicklung und Optimierung der technischen Prozesse in verfahrenstechnischen oder chemischen Anlagen.

Qualifizierungskonzept   Das Qualifizierungskonzept eines Projektes legt fest, welche Qualifizierungsmaßnahmen im Zusammenhang mit dem Projekt durchgeführt werden sollen.

Qualitätsstandard   Bei der Qualitätsplanung werden Qualitätsstandards durch das Projektmanagement zunächst definiert und festgelegt, welche Kriterien und Anforderungen das Produkt erfüllen soll.

Regelwerke   Gesamtheit aller Regeln zu einem Sachbereich und Sammlung der für einen Anwendungsbereich gültigen Richtlinien.

Reporting   auch: Berichtswesen; Einrichtungen, Mittel und Maßnahmen eines Unternehmens zur Erarbeitung, Weiterleitung, Verarbeitung und Speicherung von Informationen über den Betrieb und seine Umwelt in Form von Berichten.

Ressourcen   Qualifizierte Person (aus spezifischen Fachgebieten, entweder einzeln oder in Gruppen oder Teams), Ausrüstungsgegenstände, Dienstleistungen, Lieferungen, Waren, Material, Budgetmittel oder andere Geldmittel.

Risikomanagement Risikomanagement umfasst sämtliche Maßnahmen zur systematischen Erkennung, Analyse, Bewertung, Überwachung und Kontrolle von Risiken vor, während und nach dem Projektablauf.

Risikomatrix Der Versuch, die Höhe eines Risikos genauer einzuteilen, die Risikoabschätzung also objektiver zu machen. Es werden meist die Parameter der Eintrittswahrscheinlichkeit und der Schadensschwere verglichen.

Schnittstellenmatrix Die Schnittstellenmatrix ermöglicht die notwendige Transparenz des betrieblichen Geschehens. Sie zeigt die Beziehungen und Vernetzungen der Prozesse zu- und miteinander. Sie zeigt aber auch die bestehende Komplexität und ist damit eine wertvolle Hilfe bei Überlegungen zur Vereinfachung (Verschlankung) der administrativen und operativen Prozesse und Strukturen eines Unternehmens.

Sektorenauftraggeber Auftraggeber im Bereich der Wasser-, Energie- und Verkehrsversorgung sowie im Telekommunikationsbereich.

Sonderfachleute Die an einem Bauwerk beteiligten Fachplaner und Gutachter, z. B. Bodengutachter, Tragwerksplaner, etc.

Stakeholder Eine Einzelperson, Gruppe oder Organisation, die auf ein Projekt einwirken kann oder von dessen Auswirkungen betroffen werden kann, oder die der Ansicht ist, von einer Entscheidung, einem Vorgang oder dem Ergebnis eines Projektes betroffen zu sein oder zu werden.

Steering-Komitee Das oberste beschlussfassende Gremium einer Projektorganisation (Aufbauorganisation), das die Vertreter möglichst aller Beteiligten am Projekt (stakeholder) – zumindest jedoch den Geschäftsverantwortlichen – umfasst.

Streitschlichtung und –entscheidung Lösung von Konflikten, die im Rahmen des Projekts auftreten und Einigung auf Maßnahmen für das weitere Vorgehen im Projekt.

System-Funktionstests Prüfung eines Systems hinsichtlich seiner funktionalen Anforderungen.

Toolbox-Meeting Eine periodische Besprechung mit dem Ziel, anhand eines speziellen Themas die Arbeitssicherheit bei der täglichen Arbeit zu fördern. Gemäß der SCC-Richtlinie sind Arbeitgeber dazu verpflichtet, mehrmals jährlich eine SGU-Besprechung, bzw. ein Toolbox-Meeting für Ihre Mitarbeiter zu organisieren.

Turn-Key Schlüsselfertige, einsatzbereite Gesamtanlagen, z. B. Errichtung eines Stahlwerks oder eines Flugplatzes. Werden häufig über Generalunternehmer oder Anbieterkoalition erstellt.

Turnus Der regelmäßige Rhythmus eines bestimmten Ereignisses.

Value Engineering Planungsmethode für die Entwicklung oder Verbesserung von Projekten, Produkten, Aufgaben und Services. Ziel dabei ist, Wert und Nutzen unter möglichst geringem Ressourceneinsatz zu optimieren.

Vergabestrategie Dem Auftraggeber wird es ermöglicht, rational und mit geringem Aufwand eine Risikobewertung seiner Projekte, bezüglich dafür aufgestellter entscheidungsrelevanter Kriterien, durchzuführen. Dazu werden die Bestandteile des Vertrags, wie die Projektorganisation, die Vergabeform und die Vertragsart, intensiv untersucht, um das Projekt im Sinne der Zielstellung zu einem positiven Ergebnis zu führen.

Weiterführende Literatur

AHO e.V. (2014). Projektmanagementleistungen in der Bau- und Immobilienwirtschaft, Heft Nr. 9 (4., vollst. überarb. Aufl.). Bundesanzeiger Verlag. Berlin.

AHO Ausschuss der Verbände und Kammern der Ingenieure und Architekten für die Honorarordnung e.V. (2004). Neue Leistungsbilder zum Projektmanagement in der Bau- und Immobilienwirtschaft, Heft Nr. 19, Bundesanzeiger Verlag

Bernecker, G. (2001). Planung und Bau verfahrenstechnischer Anlagen: Projektmanagement und Fachplanungsfunktionen (4. Aufl.). Springer. Berlin.

Bock, Y. & Zons, J. (Hrsg.). (2015). Rechtshandbuch Anlagenbau: Praxisfragen deutscher und internationaler Anlagenbauprojekte. Beck. München.

Borg B (2004). Konzeption eines Leistungsbildes und Honoraruntersuchungen für das internationale Bau-Projektmanagement, DVP-Verlag. Wuppertal

Diederichs, C. J. (2005). Führungswissen für Bau- und Immobilienfachleute (2. Aufl.) Springer Verlag. Berlin Heidelberg.

DIN Deutsches Institut für Normung e.V. Hrsg. (2013). DIN-Taschenbuch 472 Projektmanagement – Netzplantechnik und Projektmanagementsysteme (2. Aufl.) Beuth. Berlin

DVP Deutscher Verband der Projektmanager in der Bau- und Immobilienwirtschaft e.V. Hrsg. (2014). Projektmanagement bei Infrastrukturprojekten, DVP-Verlag. Wuppertal

Eschenbruch, K. (2015). Projektmanagement und Projektsteuerung für Immobilien- und Bauwirtschaft (4. Aufl.). Werner Verlag. Köln.

Hab G, Wagner R (2013). Projektmanagement in der Automobilindustrie, Springer Gabler. Wiesbaden

Hansmann, K. (2011). Bundesimmissionsschutzgesetz. Textsammlung mit Einführung und Erläuterungen (29. Aufl.). Nomos Verlag. Baden-Baden.

Hensel, J. (2015). Inbetriebnahmemanagement als Besondere Leistung des Projektmanagers in Deutscher Verband der Projektmanager in der Bau- und Immobilienwirtschaft e.V. Projektmanagement-Herbsttagung: Strategische Werkzeuge des Projektmanagements I Schwerpunkt Organisation (S. 1–10). DVP-Verlag. Berlin.

Hodulak, M. & Schramm, U. (2011). Nutzerorientierte Bedarfsplanung: Prozessqualität für nachhaltige Gebäude. Springer. Heidelberg.

International Federation of Consulting Engineers (1999). Conditions of Contract for Construction: for building and engineering works designed by the employer (1. Aufl.). FIDIC. Genf.

Jakoby, W. (2015). Projektmanagement für Ingenieure: Ein praxisnahes Lehrbuch für den systematischen Projekterfolg (3., aktualisierte und erw. Aufl.). Springer. Wiesbaden.

Kaestner, R., Koolmann, S. & Möller, T. (Hrsg.), (2012). Projektmanagement im Not for Profit-Sektor. Handbuch für gemeinnützige Organisationen. GPM. Nürnberg.

© Springer-Verlag GmbH Deutschland 2016
A. Malkwitz et al., *Projektmanagement im Anlagenbau*, DVP Projektmanagement,
DOI 10.1007/978-3-662-53053-5

Kapellmann, K. (Hrsg.) (2007). Juristisches Projektmanagement bei Entwicklung und Realisierung von Bauprojekten (2. Aufl.). Werner Verlag. Düsseldorf.

Kapellmann K.D./Langen W. (2015). Einführung in die VOB/B (24. Aufl.) Werner Köln.

Mittelstädt N. (2006). Leitlinie zur projektbezogenen Spezifikation und erfolgsabhängigen Honorarbemessung von extern beauftragten Projektmanagement-Leistungen im Hochbau, kassel university press GmbH. Kassel

Mohrmann, M. (2011). Bauvorhaben mithilfe von Lean Projektmanagement neu denken. Books on Demand. Norde0072stedt.

Palandt (2015) Kommentar zum Bürgerlichen Gesetzbuch (74. Aufl.) Beck. München.

Preuß, N. (2013). Projektmanagement von Immobilienprojekten: Entscheidungsorientierte Methoden für Organisation, Termine, Kosten und Qualität (2., korrigierte Aufl.). Springer. Berlin.

Printz T (2011). Diagnostische Steuerung von Anlagenbauprojekten, Bachelor + Master Publishing. Hamburg

Project Management Institute (2013). A Guide to the Project Management Body of Knowledge (PMBOK Guide) (5th Edition). PMI. Atlanta.

Stahlinstitut VDEh Hrsg. (2006). Leitfaden zur erfolgreichen Abwicklung von Neu- und Umbauprojekten mit erfolgskritischen Automatisierungsanteilen, VDEh Fachausschussbericht Nr. 5.057. Düsseldorf

Stahlinstitut VDEh Hrsg. (2000). Qualifizierungsmaßnahmen bei Neubauprojekten, VDEh Fachausschussbericht Nr. 5.048. Düsseldorf

Stahlinstitut VDEh Hrsg. (2003). Externe Ingenieurdienstleistungen bei Investitionen, VDEh Fachausschussbericht Nr. 5.052. Düsseldorf

Steding, Ralf et. al. (2010). Rechtsbegriffe des Vertragsrechts im Anlagenbau, SDBR Verlag Düsseldorf.

Verzuh, E. (2008). The fast forward MBA in Project Management (3. Aufl.). Wiley & Sons. New Jersey.

Volkmann, W. (2003). Projektabwicklung: Handbuch für die planerische und baupraktische Umsetzung (2., überarb. Und erw. Aufl.). Verlag für Wirtschaft und Verwaltung Hubert Wingen. Essen.

Stichwortverzeichnis

© Springer-Verlag GmbH Deutschland 2016
A. Malkwitz et al., *Projektmanagement im Anlagenbau*, DVP Projektmanagement,
DOI 10.1007/978-3-662-53053-5

Printed in the United States
By Bookmasters